江苏省太湖流域
大型底栖无脊椎动物图集

潘晨　叶晟　沈伟◎编著

河海大学出版社
HOHAI UNIVERSITY PRESS
·南京·

图书在版编目(CIP)数据

江苏省太湖流域大型底栖无脊椎动物图集 / 潘晨，
叶晟，沈伟编著. -- 南京：河海大学出版社，2024.4
ISBN 978-7-5630-8921-5

Ⅰ. ①江… Ⅱ. ①潘… ②叶… ③沈… Ⅲ. ①太湖－
流域－底栖动物－无脊椎动物门－江苏－图集 Ⅳ.
①Q959.1-64

中国国家版本馆 CIP 数据核字(2024)第 062364 号

书　　名	江苏省太湖流域大型底栖无脊椎动物图集	
书　　号	ISBN 978-7-5630-8921-5	
责任编辑	杜文渊	
特约校对	李　浪　杜彩平	
装帧设计	徐娟娟	
出版发行	河海大学出版社	
地　　址	南京市西康路 1 号(邮编：210098)	
网　　址	http://www.hhup.com	
电　　话	(025)83737852(总编室)　　(025)83787763(编辑室)	
	(025)83722833(营销部)	
经　　销	江苏省新华发行集团有限公司	
排　　版	南京布克文化发展有限公司	
印　　刷	广东虎彩云印刷有限公司	
开　　本	787 毫米×1092 毫米　1/16	
印　　张	10.75	
字　　数	230 千字	
版　　次	2024 年 4 月第 1 版	
印　　次	2024 年 4 月第 1 次印刷	
定　　价	118.00 元	

目 录
CONTENTS

第一部分

大型底栖无脊椎动物监测方法

一、术语和定义

1.1　淡水大型底栖无脊椎动物 freshwater benthic macroinvertebrate

生活史全部或至少一个时期栖息于内陆淡水(包括流水与静水)水体底部表面或基质中且个体不能通过 $500~\mu m$(约 40 目)网筛的无脊椎动物,它们具有相对稳定的生活环境,移动能力差。淡水中常见的大型底栖无脊椎动物主要包括水生的扁形动物(Platyhelminthes)、线形动物(Nematomorpha)、环节动物(Annelida)、软体动物(Mollusca)、节肢动物(Arthropoda)等。

1.2　分类单元 taxon

物种分类工作中的客观操作单位,有特定的名称和分类特征,主要包括门(Phylum)、纲(Class)、目(Order)、科(Family)、属(Genus)、种(Species)等分类等级,此外,还包括亚纲(Subclass)、亚目(Suborder)、亚科(Subfamily)、族(Tribe)、亚种(Subspecies)等辅助分类等级。

1.3　密度 density

单位面积(或一定体积)内某种(类)或全部淡水大型底栖无脊椎动物分类单元的个体数量。

1.4　生物量 biomass

单位面积(或一定体积)内某种(类)或全部淡水大型底栖无脊椎动物分类单元的湿重。其中,软体动物应为带壳湿重。

1.5　可涉水河流 wadeable river

不借助工具的条件下,可徒步蹚水而过的河流。

1.6　不可涉水河流 non-wadeable river

不借助运输工具的条件下,不可蹚水而过的河流。

1.7　参考标本 reference specimen

拥有明确分类名称和图鉴,可用于实验室内和实验室间的质量保证和质量控制,保存完整的实物标本。

二、监测原则及流程

2.1 监测原则

科学性原则

淡水大型底栖无脊椎动物监测与评价应客观、科学地反映监测对象的实际状况,符合生态学和环境科学的基本原理和要求。

代表性原则

监测结果应能在物种及数量等方面全面客观反映监测水域淡水大型底栖无脊椎动物群落的整体状况。

可操作性原则

在水生态环境监测业务部门现有技术水平和资源配置的条件下,以支撑环境管理为目标,优先采用效率高、成本低、方法简、操作易的监测方法。

可比性原则

淡水大型底栖无脊椎动物群落及生境的时空变化具有长期性、复杂性,监测点位、方法、指标、时间和频次等一经确定,应尽量保持延续性,使监测结果可比。

保护性原则

监测与评价活动以保护和恢复为最终目标,因此在监测过程中应避免伤害野生生物、破坏生态环境和超出客观需要的频繁采样。

安全性原则

现场监测工作具有一定的风险,监测人员应接受相关专业培训,并做好安全防护措施。

2.2 监测流程

淡水大型底栖无脊椎动物监测流程见图 1,具体包括 4 个阶段 12 个步骤。

三、试剂和材料

除非另有说明,分析时均使用符合国家标准的分析纯试剂,实验用水为蒸馏水。试剂主要是用于样品和动物样本固定、镜检观察以及动物标本封片,其中不同浓度的甲醛溶液和乙醇溶液主要是用于样品和动物样本的固定,丙三醇主要是用于镜检观察,加拿

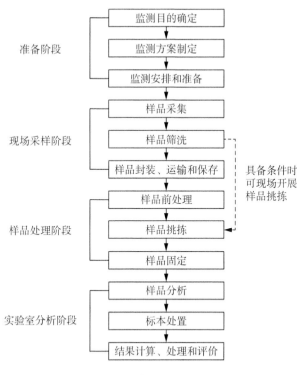

图 1　监测流程图

大树胶和普氏胶主要用于标本封片的制作。此外,若开展大型底栖动物分子生物学手段的检测,则样品和动物标本需在无水乙醇中固定;若无此要求,则在 75％乙醇溶液中固定即可。各试剂的具体要求及配置方法如下:

a) 甲醛溶液:$\varphi(\text{HCHO})＝37\%\sim40\%$。

b) 甲醛溶液:$\varphi(\text{HCHO})\approx4\%$。量取 37％～40％的甲醛溶液约 10 mL,用水定容至 100 mL。

c) 无水乙醇:$\rho(\text{C}_2\text{H}_5\text{OH})＝0.79$ g/mL。

d) 乙醇溶液:$\varphi(\text{C}_2\text{H}_5\text{OH})＝75\%$。量取无水乙醇 75 mL,用水定容至 100 mL。

e) 丙三醇。

f) 加拿大树胶。

g) 普氏(Puris)胶:将 8 g 阿拉伯胶和 10 mL 蒸馏水加入烧杯中,并将其置于 80℃恒温水浴,用玻璃棒搅动,待胶溶后,依次加入 30 g 水合氯醛、7 mL 甘油和 3 mL 冰醋酸,继续用玻璃棒搅拌均匀,最后以薄棉过滤即成。

四、仪器和设备

监测所使用的仪器和设备应符合下列要求。

4.1 样品采集及保存

a) 采样器具

我国幅员辽阔,水系众多,而对于淡水大型底栖无脊椎动物监测而言,关键是其生境条件,生境主要包括鹅卵石、砾石、基岩、漂石、砂石、软泥、黏土等,还有硬质、水草等不同生境类型,因此,须选择针对性的采样器具,包括采泥器、索伯网、三角拖网、手抄网、踢网、篮式采样器和十字采样器等,其规格、适用条件和使用方法见表1,示例图片见图2~图14。通常情况下,选用网孔径为 425 μm(40目)的采样工具。因为监测对象为大型底栖无脊椎动物,最初只是以是否肉眼可见分,后期国际统一的认知在 500 μm,所以用的是 425 μm 的 40 目筛,国内在业务化工作中也有一定延续性,通常均使用 40 目筛。

表1 采样工具规格、适用条件及使用方法

采样工具		规格	适用条件		使用方法
			底质类型	水体类型	
采泥器	彼得森(Peterson)采泥器	开口面积 0.062 5 m²	淤泥,泥沙等软质底质生境	湖泊、水库、不可涉水河流	打开闭合夹双页,挂好两侧提钩;缓慢放至水底,采泥器触底后继续放绳,抖脱两侧提钩;轻轻向上拉紧提绳使闭合夹双页慢慢闭合采集底质,手感提绳变沉后,双页即闭合完成;将采泥器拉出水面、置于桶或盆内,打开闭合夹双页获取采得的底质
	埃克曼(Ekman)采泥器	开口面积 0.04 m²			拉起闭合夹拉绳,固定在拉绳固定器上;缓慢放至水底,采泥器触底后,将使锤沿不锈钢缆或尼龙绳释放落下;等待使锤落下片刻即闭合夹闭合(落下的使锤击中弹簧释放管后,闭合夹拉绳会从拉绳固定器上脱落,闭合夹弹簧会使闭合夹闭合);将采泥器拉出水面、置于桶或盆内,打开闭合夹拉绳获取采得的底质
	范维恩(Van Veen)采泥器	开口面积 0.062 5 m²			打开闭合夹双侧连接杆,挂上挂钩;缓慢放至水底,采泥器触底后,挂钩自动脱落,闭合夹被释放;缓慢拉紧绳,闭合夹就会慢慢关闭,手感提绳变沉后,双页即闭合完成;将采泥器拉出水面、置于桶或盆内,打开闭合夹双侧连接杆获取采得的底质

续表

采样工具	规格	适用条件		使用方法
		底质类型	水体类型	
索伯(Surber)网	网框边长 30 cm×30 cm，高 30 cm，网孔径 425 μm（40 目）	沙质，砂石，碎石，石块等	涉水可过河流	将网开口面向水流方向，用铁锹将采样框范围内的泥砂、植物根垫、枯枝落叶等均装进索伯网；如有石块等较大的基质，则将其表面生物洗进索伯网后弃去；反复冲洗纱网袋将所有生物冲进底部收集区中
三角拖网	网框边长 30 cm×30 cm×30 cm，网孔径 425 μm（40 目）	淤泥，泥沙等软质底质生境；硬质底质生境；草型生境等	湖泊和水库不可涉水的采样区域，不可涉水河流	当使用船采样时，选择三角拖网采集品。在船静止状态下抛入水中，沉底后拉紧拖绳，在水底缓慢拖行，累计拖拽距离一般为 10 m～15 m。其中，淤积较为严重的点可以适当缩短拖拽距离约为 5 m，以硬质底为主的点可以适当延长拖拽距离至 20 m～30 m。当流速较快时，需配重锤，避免拖网上浮
D 形/直角手抄网	网框底边长 30 cm，网孔径 425 μm（40 目）		湖泊和水库可涉水的采样区域，可涉水河流	当沿岸水深不超过 1 m 时，使用手抄网采集样品。手抄网底的直边紧贴底质，迎向水流方向移动手抄网一定距离，采集点位附近所有底质类型，累计扫过底质的距离为 3 m～5 m
踢网	底边长 1 m，网孔径 425 μm（40 目）	沙质，砂石，碎石，石块等	涉水可过河流	迎向水流方向布置踢网，以石头将其底边压实，于上游不断踢动不同生境底质，累计采集时间一般为 15 min
篮式采样器	高 20 cm、直径 18 cm 的圆柱体铁笼，用 8 号和 14 号铁丝编织，孔径面积为 4～6 cm^2	不限	水深大于 20 cm 的河流或湖泊、水库滨岸带	笼底先铺一层尼龙筛绢，再放上约 8 cm 的卵石，样方要选择采样区域上下一定范围内生境最好的（最具代表性）点位，以便表达出水质最佳（最具代表性）的状态。每个监测点位至少放置 2 个采样器，两个采样器用 5 m～6 m 的尼龙绳连接，或用尼龙绳固定在岸边的固定物上，或用浮漂做标记。采样器安放的位置要考虑到流速和生境的不同，放置时间为 14 d
十字采样器	边长 40 cm，高 20 cm，中间十字分格，用铁丝编织或用塑料网包围	不限	水深大于 20 cm 的河流或湖泊、水库滨岸带	采样器中分别放置鹅卵石、水草、泥和沙等不同的基质，鹅卵石、水草下面放一层尼龙筛绢铺底，泥、沙放入尼龙筛绢制作的网兜里，安置方法与篮式采样器采集方法相同
地笼	边框圆形或拱形或长方形，边长或直径 10～30 cm，网布孔径>3 mm	不限	不限	笼做好浮球标记，放置于水底一段时间后，收取笼具内所获
耙	耙齿长>10 cm，耙齿间距>2 cm	不限	不限	耙齿向下在水底基质中拖动一段距离后，转至耙齿向上出水，收取耙齿内所获

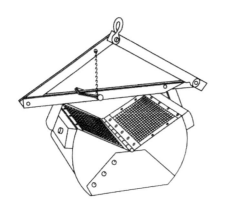

图 2　彼得森(Peterson)采泥器

图 3　改良型彼得森(Peterson)采泥器

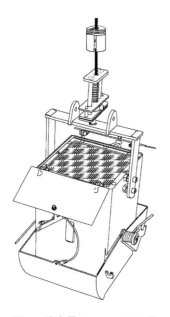

图 4　埃克曼(Ekman)采泥器

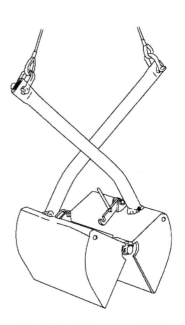

图 5　范维恩(Van Veen)采泥器

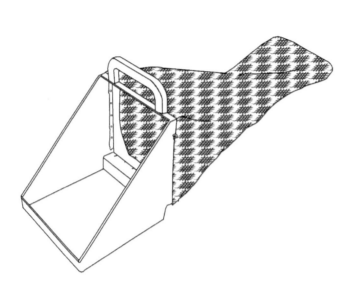

图 6　索伯(Surber)网

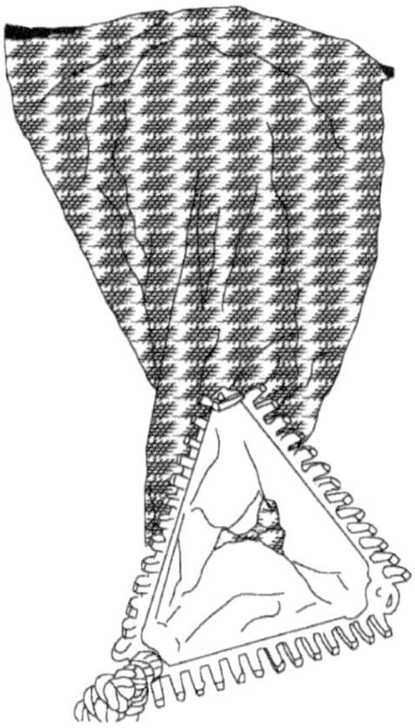

图 7　三角拖网

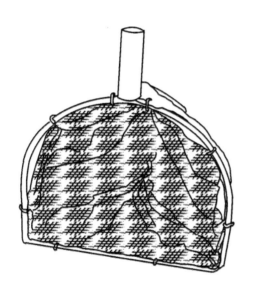

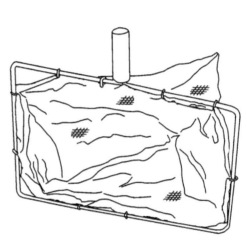

图 8　D形手抄网

图 9　直角手抄网

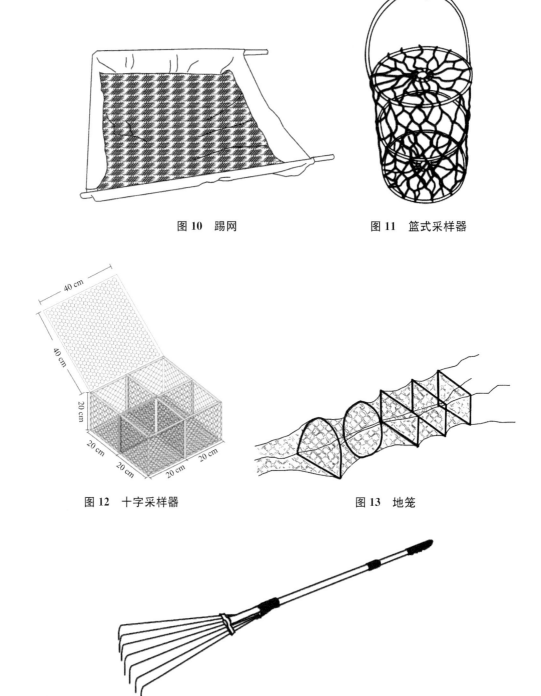

图 10　踢网

图 11　篮式采样器

图 12　十字采样器

图 13　地笼

图 14　耙

b) 筛网:孔径 425 μm(40 目),筛网材质为钢制、尼龙制或其他不易破损的材料。

c) 便携式冷藏箱:1℃~10℃。

d) 其他采样设备:直流潜水泵(12 V)、蓄电池(12 V,≥40 Ah)、盆、桶、塑料自封袋或广口塑料瓶、铁锹等。

4.2 样品挑拣

a) 搪瓷盘:白色,表面光滑,对介质不粘附,易清洗。

b) 细口吸管:1 mL,3 mL,5 mL,10 mL。

c) 镊子:尖嘴、弯嘴、耐腐蚀。

d) 标本瓶或标本盒:20 mL、50 mL、100 mL、1000 mL,塑料制,具盖。

e) 冷藏冰箱:0℃~4℃。

f) 台灯。

g) 放大镜。

h) 折叠台和折叠凳。

4.3 实验室分析

a) 体视显微镜:物镜 0.8× 或 0.6×,可调变倍比≥4∶1,目镜 10× 或 15×,带摄影系统。

b) 生物显微镜:物镜 4×、10×、20×、40×、100×,目镜 10× 或 15×,带摄影系统。

c) 标本成像系统:含标本托架、照明、摄影及其调节系统,直接用于生物标本的摄影记录。

d) 电子天平:最大称量 220 g,分度值 0.000 1 g;最大称量 500 g,分度值 0.001 g,最大称量 3 000 g,分度值 0.01 g。

e) 载玻片:76 mm×26 mm,厚 0.8 mm~2 mm。

f) 矩形盖玻片:22 mm×22 mm,厚 0.17 mm。

g) 圆形盖玻片:φ6 mm,厚 0.17 mm。

h) 计数器。

i) 解剖针。

j) 培养皿。

k) 吸水纸。

4.4 其他辅助设备

a) 防护设备:救生衣、防水裤、防水服、防晒服、防寒服、高筒胶鞋、橡胶手套、帽子、急救包(含各类药品)等。

　　b) 现场设备:手持式全球定位系统、卷尺、测距仪、计时器、照相机、记号笔、防水签字笔等,具备条件的可配备无人机。

　　c) 生物实验室其他常用设备和器材。

五、样品

5.1　采样方案制定及准备

5.1.1　监测点位布设

　　根据监测目的,结合水体自然条件和人类干扰特点布设有代表性的监测点位。通常情况下,湖泊和水库可在沿岸带、湾区、敞水区、河口区、草型区、藻型区等区域布设监测点位,深水区应仅设少量具代表性的监测点位;在深水、浅水复合生境的情况下,可只在浅水区设置采样样方、样带。河流(可涉水河流和不可涉水河流)可在上游河段、中游河段、下游河段、支流汇入口上下游、排污口上下游、城镇上下游等区域布设监测点位。不同规模湖泊、水库和河流的监测点位参考布设数量参照表2,监测点位设置应尽可能与理化监测点位一致,监测点位已布设完成的按相关监测方案执行,同时可结合实际,在前期摸底监测的基础之上对点位进行适当优化调整,应避开主航道、航标塔、闸坝下方、渡口等地。

　　实际监测中,监测点位布设已大多和水质监测点位有重合,但由于大型底栖无脊椎动物群落在自然环境下分布不均,故须在此基础上选择有水生态代表性的监测点位。河流监测点位布设可参考图15,湖泊和水库监测点位布设可参考图16。其中,湖泊和水库布设监测点位时,考虑到大型底栖动物的群落结构及空间分布与各采样点的水深、底质、水草分布情况等有关,可酌情考虑深水湖泊和水库的湖(库)心不设监测点位。

表2　不同规模水体的监测点位参考布设数量

水体类型	水体规模	点位数量
湖泊、水库	<50 km²	3 个～10 个
	50～500 km²	11 个～15 个
	500～1 000 km²	16 个～20 个
	1 000～2 000 km²	21 个～30 个
	>2 000 km²	31 个～50 个
可涉水河流	按长度≤10 km 对河流进行分段,每段布设 2 个～5 个监测点位	

水体类型	水体规模	点位数量
不可涉水河流	河宽≤200 m	按长度≤50 km 对河流进行分段,每段布设 2 个~5 个监测点位
	河宽>200 m	按长度≤100 km 对河流进行分段,每段布设 2 个~5 个监测点位

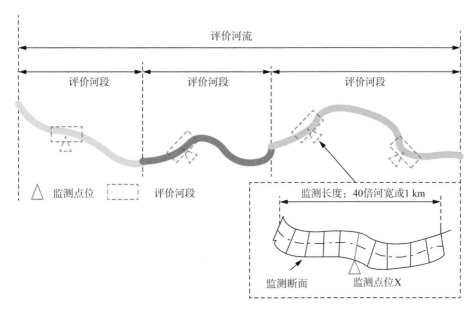

图 15　河流分段与监测点位布设示意图

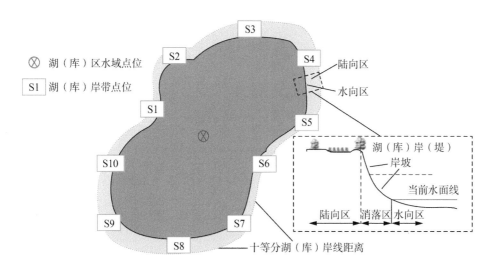

图 16　湖泊(水库)监测点位布设示意图

5.1.2 采样位置

5.1.2.1 湖泊和水库

以监测点位经纬度坐标为中心,半径 100 m 的圆形范围为采样区域,根据采样区域内的不同生境选定样方或样带。每一个不同生境至少选择一个样方,样带必须覆盖采样区域的主要生境,单个采样区域中设置不少于 4 个定量采集的样方和 1 个半定量采集的样带,单个样方采样量不少于 0.062 5 m² 或 2 个人工基质采样器(即篮式采样器或十字采样器),单个样带采样量不少于 0.9 m²。湖泊和水库的监测点位、采样区域、样方和样带的空间关系参照图 17。

单个样方的采样量以 0.062 5 m² 的实际面积为准,样带采样量以底边 30 cm 的采样器扫过 3 m 的距离为准。

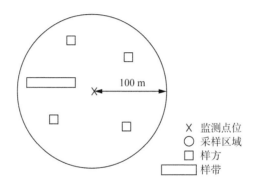

图 17　湖泊和水库监测点位、采样区域、样方和样带的空间关系示意图

5.1.2.2 河流

参考历年采样实践和实际情况,我国的大部分水体一年监测 2 次,这样的监测频次约为美国的 6~10 倍,和欧盟及英国类似,监测频次对淡水大型底栖无脊椎动物的代表性和采样区域范围息息相关,相当于时间与空间互相转换,所以我国制定的采样区域应大于欧盟及英国而小于美国。在诸多标准规范中有直接引用美国方法中采样区域的,这是不实际的。综合考虑,对于可涉水河流,以监测点位经纬度坐标为中心,上下游各 50 m 范围的河段为采样区域;对于不可涉水河流,当河宽不超过 200 m 时,以监测点位经纬度坐标为中心,上下游各 100 m 范围的河段为采样区域,当河宽为 200 m 及以上时,以监测点位经纬度坐标为中心,上下游各 200 m 范围的河段为采样区域。根据采样区域内的不同生境选定样方或样带,每一个不同生境至少选择一个样方,样带必须覆盖采样区域的主要生境,单个采样区域中设置不少于 4 个定量采集的样方和 1 个半定量采集的样带,单个样方不少于 $0.0625 \ m^2$,单个样带不少于 $0.9 \ m^2$,或单个采样区域放置不少于 2 个人工基质采样器(即篮式采样器或十字采样器)。监测点位、采样区域、样方和样带的空间关系见图 18。

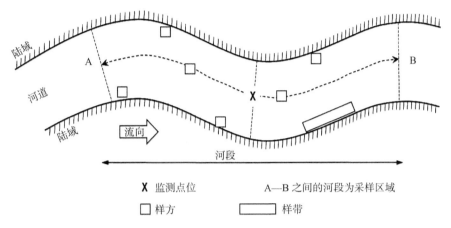

图 18　河流监测点位、采样区域、样方和样带的空间关系示意图

5.1.2.3　讨论

结合大量现场监测经验及课题研究,从江苏省内各类型河流点位的适宜采样量来看,仅使用采泥器或者索伯网等采样设备采样的工作量较大,每个监测点位的重复采样次数较多,不利于监测业务化推广,因此,推荐采用多种采样工具相结合的方式开展,其中湖库和不可涉水河流采样包括采泥器、三角拖网及手抄网,涉水可过河流采样包括索伯网、踢网及手抄网。此外,每个监测点位均通过绘制采样量-物种累计曲线的方法确定适宜采样量是不现实的,对于江苏省湖库和不可涉水河流而言,一般使用采泥器采集不少于 4 次($0.25 \ m^2$)及手抄网或三角拖网采集不少于 $1.5 \ m$(面积 $5 \ m^2$),累计采样面积不少于 $1.75 \ m^2$;对于可涉水河流而言,当水位较低($\leqslant 30 \ cm$)时,一般使用索伯网定量采集不少于 4 次($0.36 \ m^2$)及踢网采集不少于 $1 \ m^2$,累计采样面积不少于 $1.36 \ m^2$,当水深大于 $30 \ cm$ 时,使用手抄网采样面积不低于 $1.5 \ m^2$。上述采样量,具备一定科学性和可操作性。

5.1.3　采样量

一般情况下,湖泊和水库总采样量不低于 $1.5 \ m^2$ 或 2 个人工基质采样器(即篮式采样器或十字采样器);河流总采样量不低于 $1.36 \ m^2$ 或 2 个人工基质采样器(即篮式采样器或十字采样器)。

为进一步保证采样代表性,可按以下步骤确定适宜采样量,首先判别生态类型状况,在生态类型一致的区域选取至少3个生态条件良好(即尽量选择表3中物种多样性高的生境影响因子)的点位,再以最小单位采样量(例如采泥器抓取一次或一个人工基质采样器的采样量)逐个增加的形式增加采样量,当新出现的物种分类单元数增加量不足一种时,所对应的总采样量为该区域适宜的采样量。

表3 大型底栖无脊椎动物多样性生境影响因子梯度分布表

生境影响因子			物种多样性由高到低的一般顺序		
物理条件	底质	硬质底质	鹅卵石、砾石	基岩、漂石	砂石
		软质底质	软泥	黏土	
	水深		可涉水河流、湖泊和水库的沿岸带浅水区	不可涉水河流、湖泊和水库的深水区	
	流速		0.3~2 m/s	2~5 m/s	<0.3 m/s或>5 m/s
	水位		平水期	枯水期	丰水期
	水体	河流	常年流水	季节河流	
		湖泊和水库	沿岸带及水量稳定	沿岸带破碎,水量涨落频繁	
	地形地貌		低山丘陵	平原	高山
	土地利用		林地、湿地	农田	城镇
化学条件	溶解氧		5~7.5 mg/L	<5 mg/L或>7.5 mg/L	
	污染程度		清洁	污染	严重污染
生物条件	水生植物		有适量水生植物	无水生植物或被大量水生植物覆盖	

5.1.4 监测频次及时间

以年为周期,每年至少监测2次,可分别在春秋季开展监测。对于特殊区域,如大型底栖无脊椎动物生长繁殖仅有一季的区域则可选择适宜生物生长、繁殖的时段每年仅进行1次监测。对于地区特定种类有特殊繁殖时间段的,采样时间需在此繁殖时间段内。

5.1.5 监测安排和准备

根据监测点位及所在水体的实际情况制定具有较强可操作性的监测工作计划,明确人员分工、监测任务、时间进度及后勤保障等,开展监测前的技术及安全培训。按计划清单准备仪器设备、试剂材料、防护器材及交通工具等。淡水大型底栖无脊椎动物与水质或其他生物类群样品同步采样时,一般情况下最后采集淡水大型底栖无脊椎动物样品。

淡水大型底栖无脊椎动物监测过程中,应保证至少2人参与。

5.2 样品采集

5.2.1 生境观测及水质监测

到达监测点位后,按前文规定的采样位置开展监测工作。使用手持式全球定位系统准确定位监测点位经纬度,于采样之前,观测、记录并拍摄生境状况。按照 HJ 91.2—2022 的要求,测定并记录水深、水温、pH、溶解氧、电导率、浊度等现场指标,湖泊和水库增测透明度,也可根据需要同步采集水样进行水化学指标的实验室分析。

5.2.2 湖泊和水库

根据前文选定样方和样带,参照湖泊和水库的水体类型选择相应的采样工具,并依据前文规定的采样位置开展样品采集。

采样一般顺序依次为定量采样、半定量采样和定性采样。结合定量、半定量和定性等各种采样方式(表4),总采样量不低于 $1.5 \, m^2$ 或 2 个人工基质采样器(即篮式采样器或十字采样器)。

如需了解湖泊和水库的大型底栖无脊椎动物整体状况,则必须采集滨岸带的大型底栖无脊椎动物。

表 4 淡水大型底栖无脊椎动物采样工具选择一览表

水体类型	采样方式	采样工具	备注
湖泊和水库	定量	采泥器或篮式采样器或十字采样器	需多人辅助或借助机械绞盘采集
	半定量	手抄网或三角拖网等	
	定性	借助铲子的手工捡拾或大孔径(孔径1 cm)拖网或地笼或耙等	
可涉水河流	定量	索伯网或篮式采样器或十字采样器	逆流采样
	半定量	手抄网或踢网等	
	定性	借助铲子的手工捡拾等	
不可涉水河流	定量	采泥器或篮式采样器或十字采样器	a) 逆流采样 b) 需多人辅助或借助机械绞盘采集
	半定量	手抄网或三角拖网等	
	定性	大孔径(孔径1 cm)拖网或地笼等	

5.2.3 河流

根据水流方向,按照逆流采样原则,自下而上开展样品采集。根据前文选定的样方和样带,分别参照表4可涉水河流和不可涉水河流的水体类型,选择相应的采样工具。

采样一般顺序依次为定量采样、半定量采样和定性采样。结合定量、半定量和定性等各种采样方式,总采样量不低于 1.36 m² 或 2 个人工基质采样器(即篮式采样器或十字采样器)。

5.3 样品筛洗

某监测点位的样品采集完成后,彻底冲洗并仔细检查采样器具,冲洗水过筛网,避免有动物个体残留造成交叉干扰。

通常情况下,将每个监测点位的样品经孔径为 425 μm(40 目)的筛网筛洗,直至过筛网后的出水澄清。拣出筛网内较大的杂物,如叶片、植物残枝、石块、塑料袋等,将附着在其表面的动物个体冲洗入筛网后丢弃。

当样品中含有较多沙粒、砂石和石块时,可将样品放入塑料盆内冲水进行浮洗分离,将上层泥水等混合物倒入筛网,如此重复 3～5 次。肉眼检查塑料盆内剩余残渣,将遗留的动物个体挑拣放入筛内,确认无遗留后丢弃残渣。

当样品较干净且挑拣条件具备时,可在现场开展样品挑拣,否则应将样品筛洗、封装并按要求保存后,运送回驻地或实验室进行处理。

5.4 样品封装、运输和保存

将样品筛洗后的剩余物全部装入塑料自封袋或广口塑料瓶内,并检查筛网,确保无动物个体遗留。贴上标签,注明监测点位名称、样品采集日期、采集人员以及样品唯一性标识码等信息,当某个点位的样品需分装多个样品袋或样品瓶时,标明样品编号及总数;必要时,可在样品袋或样品瓶内放入相同信息的标签。封好袋口或盖紧瓶盖,填写现场采样记录表。整理、清点、核对样品无误后,冷藏保存并运送回驻地或实验室处理。

若样品中的动物样本无法及时挑拣(冷藏保存一般不宜超过 24 h,室温保存一般不宜超过 5 h),则在样品袋或样品瓶中加入适量的无水乙醇或甲醛溶液进行固定。须保证样品袋或样品瓶中乙醇终浓度约 75% 或甲醛终浓度约 4%,以防样品腐烂。固定保存时间一般不超过 2 周。

六、分析步骤

6.1 样品前处理

将现场采回的样品,使用自来水再次筛洗,直至出水完全澄清。若样品中已添加了固定液,则将样品在水中浸泡 15 min 左右,洗脱固定剂并使动物样本充分吸水。

若某个点位用同一采样方式(如定量、半定量和定性)采集的样品分装了多个样品袋或样品瓶时,将其合并处理,并在筛洗过程中保持水流速度较缓,轻轻搅动,混合均匀。

6.2 样品挑拣

动物样本的挑拣不包括空壳。①

一般情况下,样品中的动物个体全部挑拣。将经过 6.1 处理的样品放入搪瓷盘中,首先通过肉眼观察,使用镊子挑拣出个体相对较大的动物样本,再使用镊子或细口吸管挑拣出个体相对较小的动物样本,当肉眼视力无法识别时,借助放大镜或体视显微镜挑拣。当日的挑拣工作出现中断时,将待挑拣样品冷藏保存,保存时间一般不超过 24 h。

当单个样品量很大且杂质很多时,先对整个样品进行初步查看,将形态、大小、颜色等有明显特征差异的较特别动物个体挑出,再将样品进行均等分样,直至分样中的动物个体数约为 10 头,停止分样,所得的分样称为最小分样单元。随机选取最小分样单元,逐一进行动物个体挑拣,按形态、大小、颜色等差异特征分不同组分别放置。当任一组内挑拣到的动物个体达 50 头时,继续挑拣该最小分样单元,完成后,停止样品挑拣。对单个样品多人累计挑拣时间达 8 h,仍无法完成的,亦停止挑拣。记录样品的挑拣比例。

挑拣过程中,若发现小个体样本、偶见物种样本或暂时难以辨认的样本时,单独保存,并予以记录。

对每个挑拣员挑拣的搪瓷盘样品,由挑拣经验丰富的质控人员抽取不低于 10% 的量进行复拣,记录拣出的大型底栖无脊椎动物个体数,按下文要求进行样品挑拣质控。将拣出的物种样本合并于相应监测点位的样品瓶中。

挑拣结束前,检查并确保用于样品挑拣的工具均无动物样本残留,避免交叉干扰。根据样品挑拣情况,填写大型底栖无脊椎动物样品挑拣及固定记录表、大型底栖无脊椎动物样品质量控制记录表。

6.3 样品固定

软体动物和水生昆虫样本先用 4% 甲醛溶液至少固定 2 d 以上,随后可用孔径 425 μm(40 目)筛网兜住瓶口,将甲醛固定液倒出并加入 75% 乙醇溶液固定。

水栖寡毛类和其他动物先放入培养皿中,加少量水,并缓缓滴加数滴 75% 乙醇溶液将其麻醉,待其完全舒展伸直后,按上述步骤固定。

无法进行以上固定时,可直接用无水乙醇固定,固定液中乙醇终浓度约 75%。

---

① 如挑拣出大量动物空壳,则要重新设置采样时间或采样位置。

挑拣剩余的样品用无水乙醇固定,固定液中乙醇终浓度约75%,保存备检。

使固定液完全浸没动物样本,加入固定液后的 2 d～3 d 内须检查固定液是否澄清,出现浑浊则须更换一次固定液。在动物样本瓶外贴上标签,注明监测点位名称、样品固定日期、样品处理人员、样品挑拣比例等相关信息,当某个点位的动物样本需分装多个样本瓶或样本盒时,标明样本编号及分装总数;必要时,可在样本瓶或样本盒内放入相同信息的标签。填写大型底栖无脊椎动物样品挑拣及固定记录表。

将倒出的乙醇溶液和甲醛溶液等固定液存放至专用的废液桶,按要求处理。

6.4　样品分析

6.4.1　物种鉴定

分析实验室应统一系统分类学检索书目、图谱及参考标本,建立淡水大型底栖无脊椎动物参考标本库。[①]

根据动物样本的大小,选择肉眼、放大镜、体视显微镜或生物显微镜对其进行形态学观察。若存在卵、蛹等且可以被鉴定的,标明其生命阶段。使用生物显微镜对摇蚊幼虫、寡毛纲等类群中的一些较小个体样本进行制片观察时,应滴加 1 滴～2 滴丙三醇,增加透光性,辅助观察分类特征。

一般情况下,物种的鉴定要求分类到属、区分到种,也可依据监测工作目标的实际需求,将其鉴定到不同分类级别。鉴定完成后,将个体完整、分类特征明显的样本单独存放,添加约75%的乙醇溶液进行固定。须进一步观察、研究或尚有异议的物种,用加拿大树胶或普氏胶制作典型分类特征部位的封片,保存待研究。

建议对于一些不能确认的物种,拍摄典型特征照片或提供动物样本,邀请专家指导鉴定,做好信息记录,包括鉴定人姓名、所在单位、日期等;对于样品中完整个体较少且鉴定过程会造成不可逆破坏的样本(例如须制片观察的摇蚊幼虫),尽可能多地拍摄典型特征照片,以备复核和长期保存。此外,建议有条件的实验室可借助分子生物学技术辅助鉴定。

当发现外来入侵物种时,单独保存并记录。

至少选择10%已完成分析的样品,开展实验室内人员比对或实验室间比对或与分类鉴定质控专家比对。依据双方鉴定和计数结果,按后文 8.2 的要求进行样品分析质控。

[①] 单独保存的较典型实物标本可与物种发现时的模式标本、权威实验室的参考标本比对或经本类群权威专家确认形成参考标本。

6.4.2 计数和称重

每个监测点位的物种按鉴定结果分别一一对应统计个体数。若遇不完整的动物个体，一般只以头部计数，其中节肢动物只统计包含头节和胸节的个体，不统计零散的腹部、附肢等。

大型底栖无脊椎动物的空壳、枝角类(Cladocera)、桡足类(Copepoda)以及陆生无脊椎动物不计。

生物量为选做项目，有生物量测定需求的实验室，按动物样本的个体大小选择相应量程及分度值的天平，对每个监测点位的物种进行分类称重。去除待称重个体样本附着的杂物，使用吸水纸吸干表面水分。吸干软体动物等外套腔内的水分，并带壳称重。对于个体较小且无法直接称量获得生物量数据的物种，其生物量以天平的最小分度值(0.000 1 g)计。

填写大型底栖无脊椎动物分析记录表及大型底栖无脊椎动物样品质量控制记录表的分析质控部分。

6.5 标本处置

经物种鉴定、计数和称重完成后的动物标本，按种类分类存放，固定液为75%乙醇溶液，对较典型的标本拍摄特征图片并单独保存，贴上标签，注明中文学名、拉丁名、监测点位名称、采集日期、固定剂以及鉴定人员等信息，填写大型底栖无脊椎动物标本保存记录表。日常监测的样品和动物标本一般保存1年或至任务完成为止。有条件的实验室可长期保存。

七、结果计算与表示

7.1 结果计算

a) 挑拣遗漏比(Picking Omissions Ratio，POR)按公式(1)计算：

$$POR = P/C \tag{1}$$

式中：POR——挑拣遗漏比，无量纲；

$\quad P$——挑样人员发现的大型底栖无脊椎动物个体数，个(ind.)；

$\quad C$——挑拣质控人员发现的大型底栖无脊椎动物个体数，个(ind.)。

b) 物种分类差异百分比(Percent Taxonomic Disagreement，PTD)按公式(2)计算：

$$PTD = \left(1 - \frac{comp_{pos}}{M}\right) \times 100\% \qquad (2)$$

式中:PTD——物种分类差异百分比,%;

$comp_{pos}$——比对分类结果中,物种分类一致的数量,个(ind.);

M——比对分类结果中,物种分类单元较多一方数量,个(ind.)。

　　c) 计数差异百分比(Percent Difference in Enumeration,PDE)按公式(3)计算:

$$PDE = \frac{|n_1 - n_2|}{n_1 + n_2} \times 100\% \qquad (3)$$

式中:PDE——计数差异百分比,%;

n_1——比对计数结果 1,个(ind.);

n_2——比对计数结果 2,个(ind.)。

　　d) 根据 6.4 的鉴定、计数及称重结果,按公式(4)和公式(5)分别计算各淡水大型底栖无脊椎动物分类单元的密度和生物量。生物量由有此需求的实验室计算。

$$D_i = d_i/(A_c A) \qquad (4)$$

式中:D_i——分类单元 i 的密度,单位为个每平方米(ind./m²)或个每笼(ind./笼);

d_i——样品计数所得分类单元 i 的个体数量,单位为个(ind.);

A_c——样品的挑拣比例,以分数表示;

A——现场样品采集面积或体积,单位为平方米(m²)或笼数。

$$B_i = b_i/(A_c A) \qquad (5)$$

式中:B_i——分类单元 i 的生物量,单位为克每平方米(g/m²)或克每笼(g/笼);

b_i——样品称重所得分类单元 i 的重量,单位为克(g)。

　　e) 基于采样方式,监测点位的淡水大型底栖无脊椎动物分类单元的密度和生物量计算分别见公式(6)和公式(7)。生物量由有此需求的实验室计算。

$$D = \sum_{i=1}^{N} D_i \qquad (6)$$

式中:D——基于某种采样方式的监测点位淡水大型底栖无脊椎动物分类单元的密度,
单位为个每平方米(ind./m²)或个每笼(ind./笼);

N——基于某种采样方式的监测点位淡水大型底栖无脊椎动物分类单元数。

$$B = \sum_{i=1}^{N} B_i \qquad (7)$$

式中：B——基于某种采样方式的监测点位大型底栖无脊椎动物分类单元生物量，单位为克每平方米（g/m²）或克每笼（g/笼）。

7.2　结果处理和评价

监测点位上所有样方、样带分别使用定量、半定量和定性方式采集的监测点位，物种以所有不同采样方式结果的并集计。

对于所出现的每一个分类单元，当定量和半定量结果均无时，则仅用"＋"标注物种分类单元存在，其余情况均不考虑定性结果。当定量和半定量结果均有时，个体较大（如大型蚌类等）及移动能力较强（如十足目、半翅目和鞘翅目等）动物的密度和生物量以半定量方式的结果计，其余以定量方式的结果计。

密度计算结果≥1时，修约到"个"数位；密度计算结果＜1时，修约到一位小数，密度计算结果＝0时，按"未检出"计。生物量计算结果修约到四位小数，生物量计算结果＝0时，按"未检出"计。计算完成后，填写大型底栖无脊椎动物统计记录表。

八、质量保证和质量控制

8.1　样品挑拣

在每批样品中，每个挑拣员的任一挑拣遗漏比（POR）应≥10，否则该挑拣员所挑拣的搪瓷盘样品按上文样品挑拣步骤重新挑拣，质控员复检未发现遗漏个体则直接为合格。

8.2　样品分析

样品分析结果符合下列要求，分析结果方为有效。否则，查明原因后重新进行样品相应分析。

a）物种分类差异百分比（PTD）≤15%。

b）计数差异百分比（PDE）≤5%。

第二部分

太湖流域常见大型底栖无脊椎动物图集

一、扁形动物门（Platyhelminthes）

1.1　涡虫纲（Turbellaria）

形态特征：本纲为扁形动物门中最原始的一纲。大部分种类营自由生活。个体小者不足 1 mm，大者可达 50 cm，上皮具纤毛，有杆状体和许多黏液腺体，通常具色素，有些种类有鲜艳的颜色；一般口位于腹面，有肠（无肠目例外），直接发育或有变态；有的种可进行无性生殖。

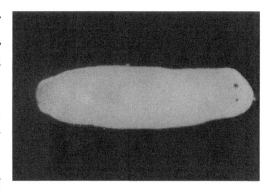

习性：涡虫栖息于淡水河流、溪流的石块上面，以小型水生动物及蠕虫、昆虫幼虫等为食。清洁或轻污染的水体中多见。

采集地：陶庄、茅山西、沙河水库。

二、纽形动物门（Nemertea）

形态特征：纽形动物门身体狭长，成扁平的带状，体长一般在 5～20 cm，个别种类可达 30 m。背腹扁平，身体延长成纽带状，故名。不分节，消化道有口和肛门。前段背面有一长吻。排泄器官为原肾管。

习性：多数产于海中，少数在淡水、湿土中，也有寄生生活。

采集地：长江魏村、双山岛湿地、沙渚、周归大桥。

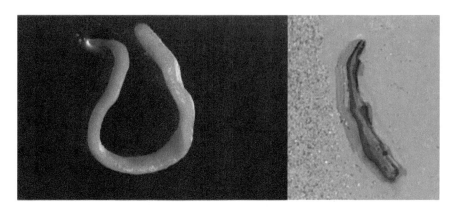

三、线形动物门(Nematomorpha)

3.1 铁线虫纲(Gordioida)

3.1.1 铁线虫目(Gordioidea)

形态特征:动物体长为30～100 cm,直径为1～3 mm。成体生活在暖温带、热带等地区的淡水和潮湿土壤中。成虫很像生锈的铁丝,体壁有较硬的角质膜。消化系统退化,成体和幼体往往无口,不能摄食。幼虫以体壁吸收寄主的营养物质。成虫主要以幼虫期储存的营养物为主,也可通过体壁及退化的消化管吸收一些小的有机分子。虫体缺乏排泄系统。雌雄异体,雌雄交配产卵于水中,幼虫孵出后,具有能伸缩的有刺的吻,借以运动,钻入寄主体内或被吞食,在寄主血腔内营寄生生活,几个月后发育为成虫,离开寄主后在水中营自由生活。

3.1.1.1 铁线虫科(Gordiidae)

铁线虫(*Gordius aquaticus*)

形态特征:铁线虫个体大,体长为30 cm～100 cm,体形似细绳状。与线虫相似,但无背线、腹线与侧线。前端圆钝,体表角质坚硬,雄体末端分叉,呈倒"V"字形,分叉部分的前腹面为泄殖孔。幼虫期存在消化管,成虫期则退化。雄体的精巢和雌体的卵巢数目多,成对排列于身体两侧。生活时体呈深棕色。

习性:栖息于清洁及轻污染河流、池塘及水沟内,雌体在水中产卵并孵出幼虫,被昆虫吃后,营寄生生活。幼虫在昆虫体内生长发育,直至成熟。

采集地:大溪水库、横涧、永红涧、宝盛园。

四、线虫动物门(Nematomorpha)

4.1 线虫纲(Nematoda)

形态特征:通常呈乳白、淡黄或棕红色。大小差别很大,小的不足 1 mm,大的长达 8 mm。多为雌雄异体,雌性较雄性大。虫体一般呈线柱状或圆柱状,不分节,左右对称。假体腔内有消化、生殖和神经系统,较发达,但无呼吸和循环系统。消化系统前端为口孔,肛门开口于虫体尾端腹面。口囊和食道的大小、形状以及交合刺的数目等均有鉴别意义。

习性:线虫分布较广,分为自由生活和寄生两类,自由生活种类生境涵盖海水、淡水和土壤等多种生境,摄食种类包括藻类、小型浮游动物和真菌等。

采集地:落蓬湾、竺山湖、沙河水库。

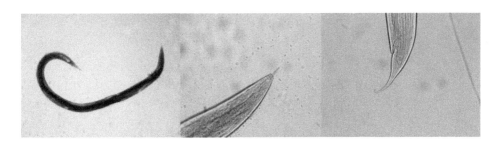

五、环节动物门(Annelida)

淡水中常见的环节动物有寡毛类、蛭类及少量多毛类。它们的共同特点是,身体为同律分节(内部分节相当于外部分节)。某些种类具有皮肤肌肉囊,向外突出而成为疣足,无节肢。常有刚毛,一般较有规律地重复分布在各环节上。淡水环节动物可分为如下几纲。

多毛纲(Polychaeta):有明显的头部,每个体节两侧生有 1 对疣足,疣足上生有多数形态复杂的刚毛。

寡毛纲(Oligochaeta):头部分化不明显,无疣足,刚毛较简单,直接着生在皮肤肌肉囊上。

蛭纲(Hirudinea):身体通常背腹扁平,有固定数目的真正环节,每一环节上有环纹,无疣足与刚毛,体前、后端有吸盘。

5.1 寡毛纲(Oligochaeta)

5.1.1 颤蚓目(Tubificida)

5.1.1.1 带丝蚓科(Lumbriculidae)

带丝蚓属(*Lumbriculus*)

形态特征:体中等大,长 40～80 mm,体节甚多。活体呈红色或黑褐色。口前叶锥形。刚毛双叉,远叉退化每束 2 根。Ⅹ～ⅩⅤ节始,每节的前端有一对分支的血管盲囊。环带在Ⅹ～ⅩⅩ节。雄生殖孔一对在Ⅵ节腹面。

采集地:京杭运河、天目湖。

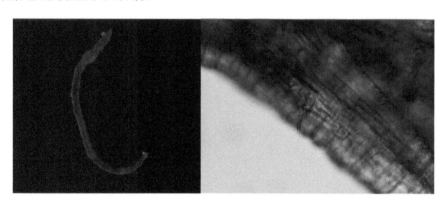

5.1.1.2 仙女虫科(Naididae)

口前叶常较发达,吻有或无。常具眼。背刚毛始于Ⅱ～Ⅵ节或更靠后,由发状刚毛和针状刚毛组成,或仅针状刚毛,或均无。腹刚毛始于Ⅱ节,每束根数不确定,双叉钩状,罕为单尖。精巢和卵巢各 1 对,分别位于Ⅳ～Ⅴ、Ⅴ～Ⅵ或Ⅶ～Ⅷ。雄性输导系统成对。精漏斗在精巢节,精管膨部在卵巢节;前列腺细胞分散,包裹输精管或精管膨部;无阴茎。雄孔一般为 1 对,常具交配毛。常具储精囊和卵囊,不成对。受精囊 1 对,在精巢节。受精囊毛有或无。有性生殖只在某个季节出现,多行出芽或断裂生殖。

毛腹虫属(*Chaetogaster*)

形态特征:口前叶退化。无背刚毛;腹刚毛双叉或单尖,Ⅲ～Ⅴ节者缺。具交配毛。生殖带在 1/2 Ⅴ～Ⅵ节。隔膜不完全。具胃。输精管接精管膨部顶端。无储精囊和卵囊。

采集地:仑山水库。

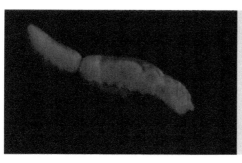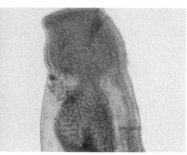

仙女虫属（*Nais*）

一般具眼。体前端常有色素。Ⅱ～Ⅴ节腹刚毛通常显著不同于他节；背刚毛始于Ⅵ节，含发状刚毛和针状刚毛。具交配毛，远端钩转，单尖或双尖。生殖器官在Ⅴ～Ⅵ节。输精管覆盖着前列腺细胞，且接精管膨部的下部；精管膨部无前列腺。具受精囊，囊管较长。

普通仙女虫（*Nais communis*）

形态特征：有眼。发状刚毛长达149 μm，针状刚毛具2个短叉，两种刚毛每束各1根。腹刚毛每束2～3根，Ⅱ～Ⅴ节者较细长。

采集地：太湖、涡湖、苏州虎丘湿地。

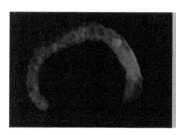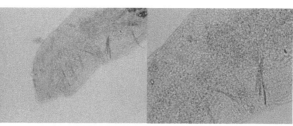

简明仙女虫（*Nais simplex*）

形态特征：有眼。发状刚毛和针状刚毛每束各1～2根，发状毛长163 μm，粗6 μm，针状毛单尖，长65 μm，粗6 μm；Ⅱ～Ⅴ节腹刚毛较他节细长。螺旋式游泳。

采集地：太湖、天目湖。

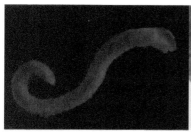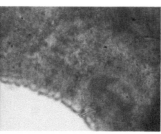

杆吻虫属(*Stylaria*)

形态特征:通常有眼。具色素。口前叶突出成吻。具胃。有体腔球。背刚毛始于Ⅵ节,有发状刚毛,针状刚毛笔直,单尖,无毛节;腹刚毛近叉弱小,毛节在近端,毛干远段笔直,近段曲折。具交配毛。生殖器官在Ⅴ～Ⅵ节。输精管的后段有或无前列腺;精管膨部具前列腺细胞。

采集地:墓东水库、钱资荡、姚巷桥。

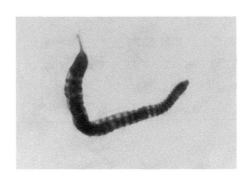

头鳃虫属(*Branchiodrilus*)

形态特征:无眼。体前端具条状色斑。全身或部分具鳃丝,每节1对。背刚毛始于Ⅵ节,包裹于鳃丝或裸露,有发状刚毛和单尖针状刚毛,体前部无针状毛;腹刚毛相似,或有差异。无胃。具体腔球。生殖器官在Ⅴ～Ⅵ节。输精管连精管膨部的亚顶端;无前列腺;射精管周围环绕腺细胞,雄孔间无环带。具交配毛。芽殖不完全。

采集地:观山桥、长江魏村、钱资荡。

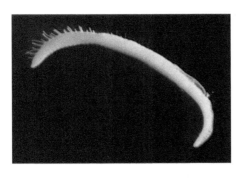 

5.1.1.3 颤蚓科(Tubificidae)

颤蚓属(*Tubifex*)

形态特征:具发状刚毛;针状刚毛栉状,背刚毛自Ⅱ节起即出现,腹刚毛每束3～6根,针状刚毛有2个长叉,中间有2～12个细齿;无体腔球。输精管盘曲,连精管膨部的顶端或亚顶端。精管膨部中等长,远端渐细。前列腺大,以短粗的柄连膨部亚顶端的腹侧。无射精管。具阴茎,无厚阴茎鞘。受精袋中有精荚。具生殖毛,但不变形。

习性:本属种类分布广泛,能忍受高度缺氧,常为最严重污染区的优势种。

采集地:太湖、大溪水库、观山桥。

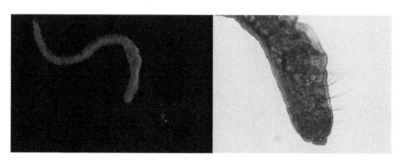

水丝蚓属(*Limnodrilus*)

形态特征:体腔球缺。无发状刚毛、栉状刚毛和生殖毛。输精管和射精管均长;精管膨部小,豌豆形;前列腺大;阴茎较长,具长且厚的阴茎鞘。受精囊具精荚。

习性:该属在中污染偏重水体中常形成优势种群。

霍甫水丝蚓(*Limnodrilus hoffmeisteri*)

形态特征:阴茎鞘长筒状,全长约为最宽部的 10～14 倍,末端呈喇叭状。

采集地:大溪水库、竺山湖、京杭运河。

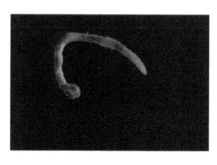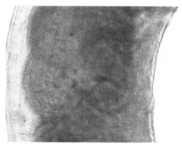

奥特开水丝蚓(*Limnodrilus udekemianus*)

形态特征:阴茎鞘末端龟头状,其长约为宽的 4 倍。

采集地:西石桥。

克拉泊水丝蚓(*Limnodrilus claparedeianus*)

形态特征:阴茎鞘与霍甫水丝蚓相似,但长为最宽部 20～40 倍。

采集地:大溪水库、天宁大桥、钱资荡、潘家坝。

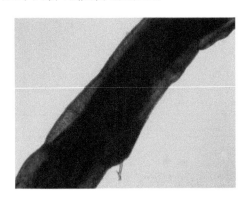

巨毛水丝蚓(*Limnodrilus grandisetosus*)

形态特征:体长 42～130 mm,体节 80～270 节。背刚毛每束 3 或 4 根,腹刚毛 2 或 3 根。Ⅳ～Ⅹ节的腹刚毛巨大,毛干粗壮,远端钩转,二叉短且钝。阴茎鞘粗短,细盅状,长度只有最宽处的 1.5 倍。

采集地:天宁大桥、长江魏村、太滆河口。

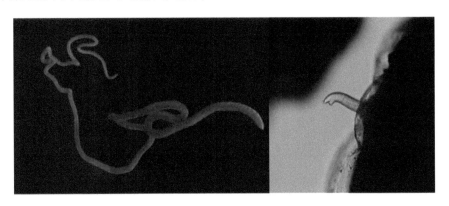

尾鳃蚓属(*Branchiura*)

形态特征:无体腔球。体后端每节背腹面中线位置形成 1 对鳃。输精管短,精管膨部被分散的前列腺覆盖。具副精管膨部。交配腔可翻转成假阴茎。受精囊成对,无精荚。

苏氏尾鳃蚓(*Branchiura sowerbyi*)

形态特征:个体很大,生活时体长达 150 mm 以上;体宽 1.0～2.5 mm。体色淡红甚至淡紫色。体后部约1/3处开始,背腹正中棱每节有 1 对丝状的鳃,最前面的最短,逐渐增长,有 60～160 对之多。前端体节较长,有 3～7 个体环。腹刚毛前面每束 4～7 根,单尖,之后逐渐减少,变成二叉,远叉极小,至后部远叉更小或消失。背刚毛自 11 节始,1～

8根发状刚毛,约2 mm长,至体中部数目逐渐减少且短,至有鳃部消失;酒精固定后身体横切面略成方形。

习性:喜河流和温暖型水域。活动范围较大。中污染水体中多见。

采集地:大溪水库、浦庄、东太湖。

管水蚓属(*Aulodrilus*)

形态特征:体长约10～25 mm。无体腔球。体末端数节没有分化。腹刚毛每束8～11根,背刚毛在前8节有二分叉刚毛6～11根。约10节后,二叉刚毛变成浆状。体中部每束刚毛3～8根,后部更少。其主要特点为精、卵巢分别在Ⅵ和Ⅶ节体内。为有机污染敏感种类,但它与霍甫水丝蚓等能在农药污染水体中生长和繁殖,形成耐污染群。

多毛管水蚓(*Aulodrilus pluriseta*)

形态特征:发状刚毛枪刺状,每束1～3根,针状刚毛两叉相等,毛节远端,每束多达8根;腹刚毛与针状刚毛相似,略粗,每束可达9根;体后部刚毛较少。

采集地:椒山、长荡湖北干河口。

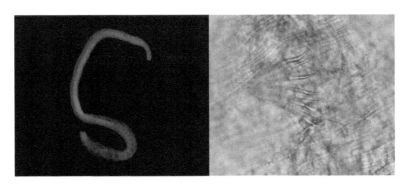

皮氏管水蚓(*Aulodrilus pigueti*)

形态特征:发状刚毛枪刺状,每束3～6根。体前端针状刚毛(常Ⅶ节前)双叉钩状,远叉退化,细短于近叉,每束4或5根,Ⅶ节后针状刚毛远端呈阔桨状。腹刚毛远叉较近叉细短,每束4～8根。

采集地:大洪港、闾江口。

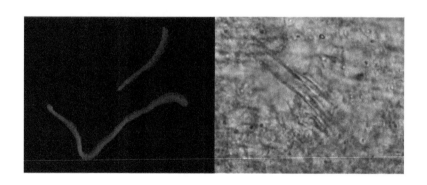

5.2 蛭纲(Hirudinea)

蛭类俗称蚂蟥,体扁或略呈柱状或椭圆形,柔软。前后两端窄,或后头有一颈。前后两端各有一吸盘,分别称为前吸盘和后吸盘。口在前吸盘腹侧。口内有吻或无吻。肛门在后吸盘的背面。全身由许多体节组成,每个体节上又有许多体环,外观体节与体环甚难区别。蛭类体色多变,或色彩艳丽或斑纹规则或全身透明。蛭类的少数种类吸血,多数种类则为肉食性和腐食性。蛭类为雌雄同体,异体受精。

5.2.1 颚蛭目(Gnathobdellida)

完全体节5环。咽短,小于体长的1/4。咽头有3个肌肉发达的颚,颚上通常有细齿列。眼5对,排成弧形。雄性生殖系统有复杂的精管膨腔,通常有阴茎;雌性生殖系统有相应的发达的阴道。嗜吸血及肉食性。淡水或陆地生活。

5.2.1.1 医蛭科(Hirudinidae)

种类体中等或大型。眼点常为5对,呈弧形排列。第3对与第4对眼之间相隔一环轮(陆栖种类相连)。完全体节具5环。体表感觉乳突显著。颚发达,嗉囊具1对或数对侧盲囊。

金线蛭属(Whitmania)

形态特征:本属种类体扁平,呈纺锤形。体大型。前后端皮肤有呈网状或疣状的突起,感觉乳突卵圆形。前吸盘的后缘腹中有一条突起的皱褶,后吸盘大型。

习性:生活于水田、河流、湖沼中,不吸血,吸食水中浮游生物、小型昆虫、软体动物的幼虫及泥面腐殖质等。冬季蛰伏土中。宽体金线蛭个体大,生长快,繁殖率高,易于捕捞,是目前养殖推广的主要品种。中污染水体中多见。

采集地:二圣水库溢洪河道。

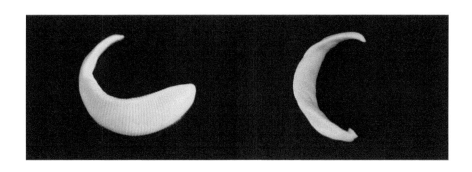

5.2.2 咽蛭目（Pharyngobdellida）

完全体节基本上分为 5 体环，但某些环再分割而有更多的环数。咽长，约为体长的
1/3。咽部有 3 条长的肌肉脊。无颚，但有的有数个较大的齿。雄性生殖系统无线形的
阴茎；雌性无明显的阴道。肉食性，可吞食蠕虫或昆虫幼虫。淡水或湿土中生活。

5.2.2.1 石蛭科（Herpobdellidae）

本科种类体中等大或小型。眼点少于 5 对，不成弧形排列。完全体节具 5 环或稍
多。体表感觉乳突不显著。颚退化，常成齿板或齿棘，甚至缺乏。嗉盲囊不分侧盲囊或
至多只有 1 对侧盲囊。

八目石蛭（*Herpobdella octoculata*）

形态特征：体呈圆柱形，前后两端略狭，背面色深。具不规则的黑色斑点。腹面稍
淡，前吸盘小，后吸盘与体同宽。体分 107 节，完全体节的第 5 环较宽，但无次生环。眼
点 4 对，前 2 对横列在第 2 环，后 2 对横列在第 5 环的近两侧处。

习性：生活于池塘、河流中，附着在石块下，周围常有涡虫生存。取食水蚯蚓、涡虫等
柔软的小型水生动物。中污染水体中多见。

采集地：落蓬湾、旧县。

5.2.2.2 沙蛭科(Salifidae)

巴蛭属(*Barbronia*)

形态特征:体狭长,外形与体色均与八目石蛭相似。眼 3 对,前对大,后 2 对小。肛门甚大,行动活泼。

习性:常生活在高山地区溪流和池塘中,附在石块或树干上。

采集地:落蓬湾、雅浦港、大溪水库、旧县。

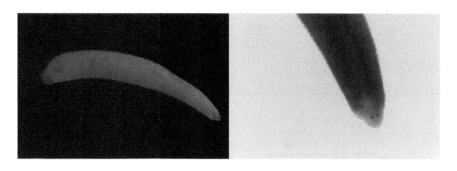

5.2.3 吻蛭目(Rhynchobdellida)

无颚,前端有吻,用以刺穿宿主的组织。口位于前吸盘的中央,少数种类的口孔在吸盘的亚前缘或后缘。闭管系血管。血液无色。交配依靠精荚进行。海水或淡水种类。

5.2.3.1 扁蛭科(舌蛭科)(Glossiphonidae)

本科体形扁平,绝不成圆柱形,椭圆形。不分前后两部,体侧无鳃或皮囊。前吸盘位于头部腹面。体中段完全体节由 3 环组成。眼 1~4 对,卵产于成体腹面的膜囊中,幼体最初也附着于母体腹面。不善于游泳。营半寄生生活。

扁(舌)蛭属(*Glossiphonia*)

形态特征:身体前端尖细,后半部卵圆形。背面褐绿或浅棕色,腹面灰白色。在各完全体节的中环上有 6 个乳黄色的乳突,似成 6 条纵行条纹,其中以背中两列最为显著并与棕褐色纵线相吻合。3 对眼,在头部背中排列成两纵列。两生殖孔被 2 环隔开,雄生殖孔位于节Ⅺ和节Ⅻ之间的沟上,雌生殖孔位于节Ⅻ环沟上。口内有管状吻,有时可伸出在外;体内有 6 对盲端不分枝的嗉囊盲囊和 10 对精巢。

生态:栖息于湖泊、池塘以及河川等流动水体里。主要附着于水中石块或水草上,也见于两栖类及螺类体上,吸取其体液为生,亦能吸食摇蚊幼虫和水栖寡毛类。

采集地:雅浦港、沙塘港、天目湖、旧县。

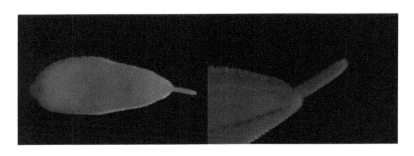

泽蛭属 (*Helobdella*)

形态特征:头部与身体其余部分区分不明显,有 1 对眼,口孔在前吸盘的中央。体表一般无乳突。虽然各完全体节通常 3 环,少数种则再分割为 6 环。生殖孔被 1 或 2 环隔开,肛门后有 0～1 环。有的种前背部有几丁质的板。嗉囊一般有 6 对简单的侧盲囊,少有 5 或 4 对。一些种仅具有后盲囊或没有任何嗉囊盲囊。通常有 6 对精巢,偶尔 5 对,少数 4 对,个别有 7 对。长度为 5～35 mm。

习性:本种喜栖浅缓的溪流以及湖泊、池塘和江河里。在湖泊里可以分布到水深 11 m 处,常栖居在石块、烂叶以及水生植物上。

采集地:大溪水库、百渎港、钱资荡。

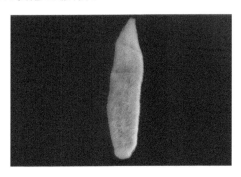

拟扁蛭属 (*Hemiclepsis*)

形态特征:口孔在前吸盘深处的中心位置。头部膨大并有一狭颈与身体其余的部分相区分。典型的种类有 2 对眼,个别 1 对或 3 对。完全体节具有 3 环。两生殖孔被 $1\frac{1}{2}$～$2\frac{1}{2}$ 环隔开。肛门后有 $\frac{1}{2}$～2 环。嗉囊具有 9～11 对盲囊,前 2 对位于环带区之前。有 6 对精巢。长度为 5～30 mm。

拟扁蛭在外形上与扁蛭甚难区别。但通常要比扁蛭大,在头部几节扩大具一较狭的颈,体较透明,背面有六道纵行栗色斑纹。前后吸盘均较大,口孔在前吸盘偏中位。完全体节具三环轮。嗉囊具 7 对或更多的侧盲囊,分布广。

习性:常栖池沼、小河边石下,也有寄生在河蚌体上。

采集地:沙墩港、百渎港、渎南桥。

5.3 多毛纲(Polychaeta)

多毛纲动物一般身体细长,多呈圆柱状或背腹扁平,分节明显。身体分头部、躯干部和尾部三部分。由于虫体各部,尤其是头部和疣足附属物的变化很大,因而多毛纲动物的体型极富多样性。主要变化包括:口前叶及其附属物的退化;口前叶与围口节的愈合,甚至同前部体节的愈合;体前部捕食附属物的产生,如触须、鳃冠等;疣足的退化;刚毛的消失或部分消失;触须、背须和尾须的消失等。

5.3.1 沙蚕目(Nereidida)

5.3.1.1 沙蚕科(Nereididae)

体细长,扁圆柱形,具有许多体节。头部由口前叶和围口节组成。口前叶亚卵圆形、梨形或多边形,背表面具2对眼(个别种无),前端具0~2个不分节的口前叶触手和2个由端节和基节组成的口前叶触角。围口节于唇部变窄,腹面具口,具3或4对围口节触须。吻可翻出,前端具一对大颚。

单叶沙蚕(溪沙蚕)(*Namalycastis aibiuma*)

形态特征:口前叶具1对触手和1对分节的触角,围口节具触须4对。吻表面光滑,

无颚齿和乳突。疣足单叶型,无背足叶或仅具背刚毛、常具背足刺,腹足叶具刚叶和腹足刺。腹刚毛异齿刺状和镰刀形。体后部疣足背须宽大呈叶状。

习性:栖于淡水和咸淡水的河口区。

采集地:小梅口、渔洋山、拖山。

5.3.1.2　齿吻沙蚕科(Nephtyidae)

形态特征:虫体长且扁,横切面为四边形,疣足的背腹足叶分得很开。由头部、躯干部和尾部3部分组成。口前叶(头部)较小为多边形或卵圆形,常陷入到体前几个刚节中,具0~1对眼,1~2对触手。项器有或无,为口前叶背后两侧的乳突状或指状突起。翻有很大,富肌肉,圆柱状或长椭圆形。躯干部体背中线稍隆起,腹中线具一纵沟。疣足双叶型。背、腹足2叶分得很开,皆由前、中、后3叶构成。刚毛皆为简单型毛状。尾部(尾节)具肛门和1根位于中背面的肛须。

齿吻沙蚕属(*Nephthys*)

形态特征:口前叶较小,多边形或卵圆形,2对触手。翻吻具22对分叉的端乳突和22纵排亚端乳突,中背乳突有或无。双叶型疣足发达,内须中囊状或外弯的镰刀状。有些种的足刺具锥状或帽状顶。刚毛有横纹(梯形)毛状和小刺毛状,无竖琴状刚毛。

习性:栖于泥沙或碎石下。

采集地:东太湖、渔洋山、魏村水厂、昆承湖。

5.3.2　小头虫目(Capitellida)

5.3.2.1　小头虫科(Capitellidae)

形态特征:虫体小型如蚯蚓,仅有圆锥状的口前叶,疣足不明显需借助解剖镜观察。为红色线状,头呈圆锥形,无任何感觉附肢,翻吻囊状无附属物。

习性:常年栖居于有淡水注入的黑色泥沙中。

采集地:漫山、小梅口、竺山湖南。

5.3.3 海稚虫目(Spionida)

5.3.3.1 海稚虫科(Spionidae)

形态特征:管栖多毛类,头部两侧具2根长而有沟的触手(角),一般具鳃,羽状或叶片状。疣足双叶型,具有巾或无巾的钩状刚毛。

习性:多数为海生,极少数几种为淡水生,习见于泥、沙滩。

采集地:椒山、五牧。

5.3.4 缨鳃虫目(Sabellida)

5.3.4.1 缨鳃虫科(Sabellidae)

形态特征:滤食性管栖蠕虫,具泥沙质、革质或胶质的栖管。可分为具鳃冠的头部和圆柱状的躯干部。鳃冠(触手冠)漏斗状,为一对鳃叶特化而成,常具栗色、紫色或红色色斑,每个鳃叶具许多放射状的鳃丝,而鳃丝上又有许多鳃羽枝,鳃冠基部具一对有沟的触角和一对膜状唇。躯干部又可分为胸区和腹区,胸区短、具背翅毛状刚毛和腹齿片或钩状刚毛,腹区长、刚毛分布与胸区相反。

采集地:西山西、东西山铁塔、胥湖南、胥湖心。

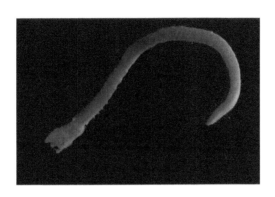

5.3.5　叶须虫目(Phyllodocimorpha)

5.3.5.1　特须虫科(Lacydoniidae)

形态特征:体细长,由少数同形体节组成。口前叶圆或圆锥形,具4个小头触手。第1体节无附肢和刚毛或仅具1对很小的触须。吻具软的缘乳突或许多线状乳突覆盖。疣足全为双叶型或仅前3个体节为单叶型。背腹须较小,乳突状或叶片状。背刚毛简单型长毛状,腹刚毛复型。

采集地:长江魏村。

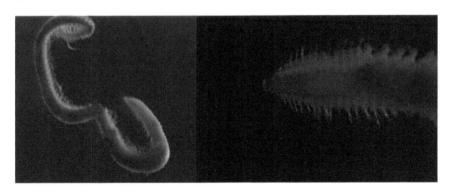

六、软体动物门(Mollusca)

软体动物身体不分节,左右对称(腹足纲身体不对称)。体分头、足、内脏囊三部分。软体动物由于身体柔软,大多数运动迟缓。由于大多数种类具有贝壳,又称为贝类。

软体动物是动物界中第二大门类,种类不少于13万种。淡水生活的种类主要是腹足纲和双壳纲的一些种类。

6.1 腹足纲(Gastropoda)

腹足类大多数有1个螺旋形的贝壳,故名单壳类,又称螺类。因足常位于身体腹侧,故称腹足类。贝壳形状随种而异,变化很大,是鉴别种类的重要依据。贝壳可分为螺旋部和体螺层两部分。螺旋部壳顶到壳口上缘是动物内脏囊盘曲之处,一般分为许多层。体螺层是贝壳的最后一层,一般最大,容纳动物的头部和足部。贝壳的旋转有右旋和左旋之分,壳口在螺轴的右侧即为右旋;在左侧,则为左旋。腹足类足的后一端常能分泌出一个角质的或石灰质的保护物,称厣。肺螺亚纲种类没有厣。

6.1.1 中腹足目(Mesogastropoda)

6.1.1.1 田螺科(Viviparidae)

圆田螺属(*Cipangopaludina*)

形态特征:个体较大,贝壳表面平滑,一般不具环棱,螺层膨胀。缝合线较深。

中华圆田螺(*Cipangopaludina cathayensis*)

形态特征:贝壳中等大小到大型。外形呈陀螺形或圆锥形。各螺层一般膨胀。壳面光滑或具有螺旋纹及螺棱,呈绿褐色或黄褐色。壳口边缘完整,薄。脐孔狭或被内唇遮盖。厣为角质的薄片,小于壳口,具有同心圆的生长纹;厣核位于略近中央或靠于内侧。螺旋部短,其高度小于壳口的高度。

习性:生活在淡水水草茂盛的湖泊、水库、沟渠、稻田、池塘内。

采集地:漕桥、太平桥。

石田螺属(*Bellamya*)

梨形石田螺(*Bellamya purificata*)

形态特征:贝壳中等大小,壳质厚,坚实,外形呈梨形。有6～7个螺层,各螺层在宽度上增长比方形石田螺迅速,壳面外凸,螺旋部呈宽圆锥形,体螺层膨胀。壳顶尖。缝合线深。壳面呈黄褐色或黄绿色。并具有微弱的螺棱,体螺层上的螺棱较明显。壳口卵圆

形,周缘完整,上方有一锐角,外缘较薄,易损,内缘增厚,上方贴覆在体螺层上。脐孔呈

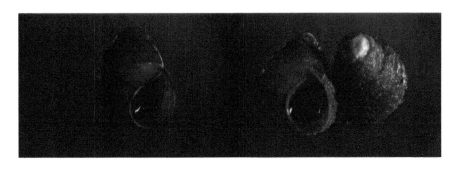

缝状。厣黄褐色,卵圆形,具有细密的同心圆的生长纹,厣核靠近内唇中央。

习性:生活在湖泊、河流、沟渠及池塘内,水田中罕见。喜栖于 0.7～1.5 米深的水域内,水深 2.5 米以下显著减少,常栖水底及水草上,或附着在岸边的岩石上。卵胎生。

采集地:大溪水库、二圣水库、小梅口、阳澄湖北。

铜锈石田螺(*Bellamya aeruginosa*)

形态特征:贝壳较瘦小,壳质坚厚,外形呈长圆锥形。有 6～7 个螺层,有时壳顶常被腐蚀而只剩下 4 个螺层。各螺层在宽度上增加较缓慢,不外凸。螺旋部呈长圆锥形,体螺层膨大。壳顶尖,常被损失,缝合线较浅。壳面呈铜锈色或绿褐色,具有明显的生长线和螺棱,在体螺层上有 3 条螺棱,其中最下面的 1 条最为明显。壳口上方有一锐角,周缘完整,外唇较薄,易碎,内唇略厚,上方贴覆在体螺层上。脐孔深,缝状。厣角质,黄褐色,具有同心圆的生长线,厣核处略凹,靠近内缘中央。

习性:生活在湖泊、河流、沟渠及池塘内,水田中罕见。喜栖于 0.7～1.5 米深的水域内,水深 2.5 米以下显著减少,常栖水底及水草上,或附着在岸边的岩石上。卵胎生。

采集地:观山桥、二圣水库、大溪水库、胥湖南。

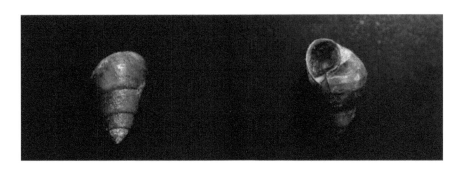

6.1.1.2　豆螺科(Bithyniidae)

贝壳小型,外形为球形、卵圆形或圆锥形;螺旋部圆锥形,体螺层略膨大;壳面光滑或

具细密的螺旋纹或螺棱;壳口圆形或卵圆形。厣石灰质,具同心圆的生长纹。

豆螺属(*Bithynia*)

形态特征:为本科中中等大小的种类。壳长卵圆形或宽卵圆形。贝壳光滑。壳口光滑呈椭圆形或近方形。口缘不甚厚。无脐或脐缝。厣石灰质。

赤豆螺(*Bithynia fuchsiana*)

形态特征:贝壳较粗大,壳质较薄,易碎,外形呈宽卵圆锥形。有5个螺层,各螺层均匀膨胀,各层在宽度上均匀迅速增大。壳顶钝,常被损坏。螺旋部呈短圆锥形,其高度大于壳高的1/2,体螺层膨大,缝合线深,壳面呈棕色、棕褐色或灰褐色,光滑,具有不明显的生长纹。壳口呈卵圆形,周缘完整,不增厚,易破损,具有黑色框边。内唇上缘呈斜直线状贴覆于体螺层上,与较垂直的轴缘相交呈一个略大于90°的角。厣为石灰质的薄片,与壳口同样大小,通常不能拉入壳内,具有同心圆的生长纹。无脐孔。

习性:栖息于河流、小溪、沟渠、稻田、池塘及湖泊水域内。

采集地:东西山铁塔、大溪水库、胥湖南。

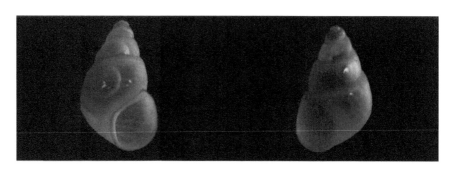

檞豆螺(*Bithynia misella*)

形态特征:贝壳小型,壳质薄,外形呈长圆锥形。有5个螺层,各层增大较缓慢,而体螺层的增大比其余各层稍快。螺旋部呈圆锥形,其高度约为全部壳高的2/3,体螺层略膨大,缝合线深。壳面呈淡灰色、棕褐色或黑色,光滑,具有明显的生长线。壳口呈宽卵圆形,周缘完整锋锐,不扩张,有的具有黑色框边。厣为石灰质的薄片,呈卵圆形,与壳口

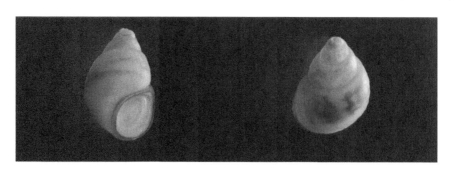

同样大小，不能拉入壳口内，紧紧封闭着壳口，具有同心圆的生长纹。脐孔明显。外套膜透明，并具有稀疏的黑色蜘蛛网状的斑点。

习性：栖息在运河、溪流、河流、沟渠、稻田及池塘内，附着在水草上或者匍匐在泥底。

采集地：渔洋山、胥湖南、浦庄。

沼螺属（*Parafossarulus*）

形态特征：为本科中中等大小的种类，壳卵锥形。壳质厚而坚，螺塔高锥形，螺层略凸，具螺旋纹或螺棱。具脐缝。壳口卵圆形。口缘厚。厣石灰质。

大沼螺（*Parafossarulus eximius*）

形态特征：本种是豆螺科中最大的种类，成体壳高可达 17～19.2 mm，壳宽 8.9～10.2 mm。壳质厚，坚固，外形呈卵圆锥形，与田螺科中石田螺属的种类非常相似，但是它具有石灰质的厣。有 5 个螺层，各螺层在宽度上增长较迅速，壳面外凸，壳顶钝，经常被磨损，螺旋部呈宽圆锥形，体螺层膨大。缝合线深。壳面为褐色、黄褐色和绿褐色，上面具有明显的生长纹及螺棱，体螺层上的螺棱更加明显，螺棱变异较大，有的个体螺棱极强，有的个体近似光滑。壳口呈卵圆形，周缘厚。

习性：本种栖息环境与纹沼螺基本相同，生活在溪流、沟渠、湖泊及池塘内，附着在水草上或在水底爬行。

采集地：阳澄东湖南、东西山铁塔、旧县。

纹沼螺（*Parafossarulus striatulus*）

形态特征：贝壳中等大小，壳质厚而坚固，外形呈宽卵圆形。有 5～6 个螺层，各层缓慢均匀增长，壳面外凸。壳顶尖，但经常被磨损，螺旋部呈宽圆锥形，体螺层略膨大。缝合线浅。壳面呈灰黄色、淡褐色、褐色或淡灰色，具有细的生长纹及螺旋纹或螺棱，螺棱强度受环境及地理分布影响变异较大，有的地区螺棱极强，但是在某些地区螺棱细弱，有的甚至光滑。壳口呈卵圆形，周缘完整，外折，坚厚，具有黑色或褐色框边，内缘外折上方贴覆于体螺层上。厣为石灰质的薄片，与壳口同样大小，不能拉入壳口内，具有同心圆的生长纹，厣核略偏于内缘中央处。无脐孔，或呈缝状。

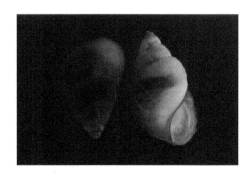

习性:栖息在河流、小溪、运河、沟渠、湖泊、池塘及沼泽等水域内,在水草丛生的水域中数量大,常常附着在水草上,或爬行在水底。冬天潜伏在污泥中过冬。雌雄异体,体内受精,雄体多栖息于水之上层或水草间,雌体则喜潜伏于水底泥中。

采集地:观山桥、东太湖、大溪水库、胥湖心。

涵螺属(*Alocinma*)

形态特征:贝壳略呈球形。螺旋部小,体螺层几乎占了全部贝壳。

长角涵螺(*Alocinma longicornis*)

形态特征:贝壳较小型,壳质较薄,但坚固、透明,外形略呈球形。有3.5～4个螺层,各螺层的宽度增长迅速,壳面外凸,壳顶钝、圆,螺旋部短宽,体螺层极膨大,几乎形成了全部贝壳。缝合线明显。壳面呈白色,光滑,壳口略呈卵圆形,周缘完整,具有黑色框边,上方有锐角,内唇略向外折。厣呈卵圆形,为石灰质的薄片,具有同心圆的生长纹,厣核偏于壳口内缘中心处。无脐孔。

习性:栖息于泉水、沟渠、溪流、池塘、湖泊及沼泽地,特别是在水草丛生的水域中,数量极大,常常都是与纹沼螺生活在同环境内。

采集地:观山桥、东太湖、大溪水库、旧县。

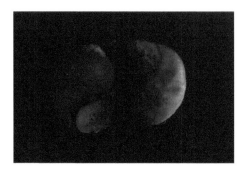

6.1.1.3 狭口螺科(Stenothyridae)

形态特征:贝壳小型,一般不高于5 mm。外形呈卵圆锥形、桶形。壳质薄,透明但坚固。壳面灰白色或黄褐色,光滑,或具有多条螺旋状花纹或由凹点组成螺旋纹。体螺层大,除了壳口外体螺层背、腹面略呈压平状。壳口略呈圆形,周缘完整,厚。

狭口螺属(*Stenothyra*)

形态特征:壳小,长卵形。螺层凸胀,少于5层。壳面光滑或旋向饰纹。壳口小,圆形。

光滑狭口螺(*Stenothyra glabra*)

形态特征:贝壳极小,两端略细,中间粗大,近似圆桶状。壳质较坚实,略透明。有5个螺层,皆外凸。体螺层膨大,其高度约占全部壳高的3/4,壳顶钝。缝合线明显。壳面呈淡黄色或灰白色,光滑。壳口小,圆形,其高度约为全部壳高的1/4。厣为角质、圆形的薄片与壳口同大。

习性:本种生活于稻田、池塘、沟渠、溪流、湖泊及缓流小河的沿岸带和有淡水流入的潮间带中潮区附近的海涂上,栖息在淡水水域或咸淡水水域中,水底为沙底、泥沙底或淤泥底。动物在水底爬行或附着在水草上,贝壳常被沙泥或淤泥包裹。

采集地:大溪水库、二圣水库、竺山湖南。

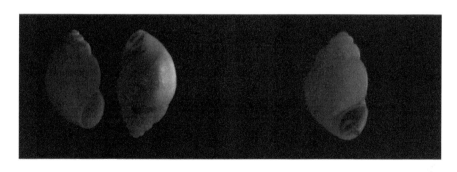

6.1.1.4　短沟蜷科(Semisulcospiridae)

贝壳一般为中等大小,成体壳高约在30 mm。外形多呈长圆锥形、卵圆锥形。壳质坚硬。一般螺层逐渐缓慢增长,螺层平坦或稍膨胀,多具有削尖的螺旋部。壳面光滑或具纵肋,或具有由纵肋及螺棱交叉而形成的瘤状结节。

短沟蜷属(*Semisulcospira*)

形态特征:贝壳中等大小,塔形。壳面光滑或具环肋、纵肋或粒状突起。壳口卵形,上下两端均呈角状。

方格短沟蜷(*Semisulcospira cancellata*)

形态特征:贝壳中等大小,壳质厚,坚固,外形呈长圆锥形。有12个螺层,各螺层缓慢均匀增长。各螺层略外凸,螺旋部呈瘦长圆锥形。体螺层不膨大,底部缩小。壳顶尖锐,但常被腐蚀。缝合线深,略倾斜。壳面呈黄褐色,有的标本具有2~3条深褐色色带,上有不明显的螺纹及发达的纵肋,螺纹及纵肋两者相连形成方格状的花样,相交并形成瘤状结节。顶部各螺层上纵肋较少,渐至基部螺层纵肋较多,体螺层上具有 12～15 条纵肋,体螺层下部具有 3 条螺棱。壳口呈长椭圆形,上方呈角状,下方具有斜槽,周缘完整,外唇薄,呈锯齿状,内缘上方贴覆在体螺层上,轴缘弯曲呈弧形。厣角质,卵圆形,淡黄色,具有多旋形兼螺旋形的生长纹,厣核偏向内下缘。无脐孔。

习性:本种栖息在水流缓慢、水质清澈、水草丰盛的泥、泥沙或泥底质的湖泊、河流、沟渠、池塘内,常附着在水草上或水底部爬行。以藻类及高等植物为食料。

采集地:东太湖、浦庄、茅东水库、胥湖南。

放逸短沟蜷(*Semisulcospira libertina*)

形态特征:贝壳中等大小,壳质厚,坚固,外形略呈塔锥形。有 6～7 个螺层,因壳顶常被腐蚀,一般只能看到 5～6 个螺层,各层缓慢均匀增长,螺层略外凸,或者平坦;体螺层略膨胀。壳面呈黄褐色或暗褐色,有的个体在体螺层上具有 2～3 条红褐色色带,在壳面上布满细致的螺旋形的螺纹及较粗的生长纹,两者交叉形成布纹状的花纹,在体螺层上尤为显著。有的标本壳面光滑。由于栖息的生态环境不同,贝壳上的花纹有变异。壳口呈梨形,周缘完整、薄,下缘具有明显的斜槽,轴缘短,弯曲。厣角质,黄褐色,具有螺旋形的生长纹,厣核偏向内下缘。无脐孔。

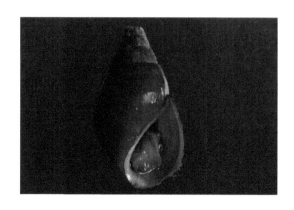

习性:栖息于山岳丘陵地带的水流略急、水温较低、水清澈透明的山溪中。水的酸碱度约在 6.6~7.4 之间。底质为卵石、岩石或沙底。卵胎生。以藻类为食物。

采集地:横涧、芙蓉村、吴江。

6.1.2　基眼目(Basommatophora)

基眼目触角 1 对。眼位于触角的基部,无柄。外部具贝壳。多生活于淡水湖泊和池塘中。

6.1.2.1　椎实螺科(Lymnaeidae)

贝壳小型或中等大小,壳多右旋,外形多呈卵圆形或卵圆锥形,少数呈耳状或帽状;壳质薄,易碎,体螺层宽大,壳口大;触角扁平,三角形;雌雄同体。

萝卜螺属(*Radix*)

形态特征:贝壳薄,卵圆形。右旋。无厣。螺旋部短小而尖锐。体螺层极膨大。壳口大,轴缘宽,轴部弯曲。

椭圆萝卜螺(*Radix swinhoei*)

形态特征:贝壳个体略大,壳质薄,外形呈椭圆形,具有 3~4 个螺层,各层缓慢均匀地增长,体螺层较大,逐渐地削尖。壳面呈淡褐色或褐色,具有明显的生长纹。壳口呈椭圆形。不向外扩张,上方狭小,向下逐渐扩大,下方最宽大,内缘肥厚,上方贴覆于体螺层上,下方形成轴褶,有的轴褶强烈扭转,外缘锋锐,易碎。脐孔呈缝状或不明显。

习性:本种生活在静水的稻田、池塘水域内,在浅水的小溪流及湖泊的沿岸带也有分布,更喜生活于水生植物较多的水域内。

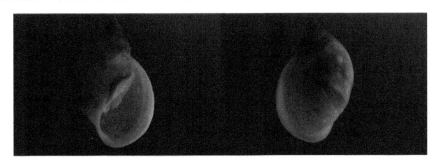

采集地:观山桥、大溪水库、东太湖、仑山水库。

折叠萝卜螺(*Radix plicatula*)

形态特征:贝壳个体较大,壳质薄,略透明,外形呈一长耳状,有 4~4.5 个螺层,壳顶尖,螺旋部尖而小,体螺层膨大,上部形成肩状,壳口扩张的程度较小,壳口内缘壳轴处具有一个强烈扭转的褶皱。内唇贴覆于体螺层上,有脐孔,呈缝状,位于轴褶的后边。壳面呈黄褐色或赤褐色,具有明显的、粗的生长纹。

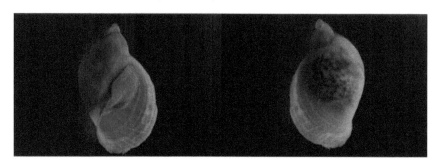

习性:本种为广分布种,栖息于小水洼、池塘、湖泊、沼泽、河流沿岸等浅水水域内。

采集地:芙蓉村、上横涧、东西山铁塔、钱资荡。

尖萝卜螺(*Radix acuminata*)

形态特征:贝壳个体略大,壳质薄,或透明,外形呈尖卵圆形。有4个螺层,螺层不膨胀,缓慢增长,逐渐削细长。壳顶尖,体螺层细长,不膨大,上部呈削肩状。壳口呈长卵圆形,较长、较窄,外缘薄,内缘外翻,上方贴覆于体螺层上,轴缘细,略扭转。壳面为淡褐色,具有明显的生长纹。脐孔小,被轴缘所遮。

习性:主要生活在泥质的湖泊沿岸带和池塘内。

采集地:横涧、平桥、阳澄东湖南。

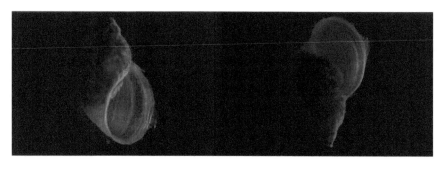

卵萝卜螺(*Radix ovata*)

形态特征:贝壳个体较小,壳质很薄,透明,易破碎,外形呈卵圆形。有3~4个螺层,螺旋部很短小,尖锐,螺层膨胀,呈梯状排列,体螺层明显地膨大,呈卵圆形。缝合线明显,平行排列。壳面灰白色或褐色,生长线细弱。壳口呈椭圆形,外缘薄,内缘上方贴覆于体螺层上,轴缘略外折,轴褶不明显。脐孔不明显或呈缝状。

习性:本种生活于静水水域内,如池塘、稻田、沼泽及缓流的小溪及湖泊沿岸带,也分布于湖泊深水处及咸水水域内。

采集地:墓东水库。

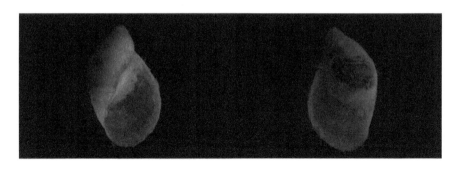

狭萝卜螺(*Radix lagotis*)

形态特征:贝壳中等大小,壳质薄,略坚固,外形略呈长椭圆形。具有 4～5 个螺层,螺旋部的螺层较高,略尖锐,缓慢均匀增长,其高度约为全部壳高的 1/3;壳顶尖锐,体螺层略膨胀,常常是斜的,形成一大的壳口,呈椭圆形,周缘完整,外缘锋锐,内缘螺轴处有略扭转的皱褶。脐孔呈缝状。壳面呈灰白色或淡黄褐色,具有细致的生长纹。

习性:栖息于常年水位不固定的小溪、沟渠、池塘及沼泽等地区,特别喜生活于水草丛生的水域,pH 范围为 6.5～8.5。

采集地:观山桥。

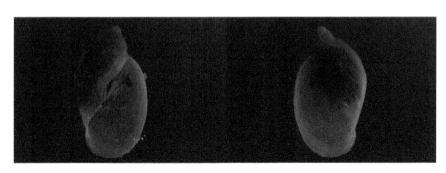

6.1.2.2 扁卷螺科(Planorbidae)

我国分布的扁卷螺科一般为小型种类,仅有个别种类个体较大,贝壳直径一般为10 mm 左右。贝壳多呈圆盘状,螺层在一个平面上旋转,有的属种螺旋部升高。左旋或右旋。贝壳周缘具有或缺少龙骨。有的种类壳内具有隔板。

旋螺属(*Gyraulus*)

形态特征:壳小,由 4 或 5 个迅速增长的螺层组成,体螺层近壳口处扩大并斜向下侧,壳口椭圆形。

白旋螺(*Gyraulus albus*)

形态特征:贝壳小型,壳质薄,易碎,呈圆盘状。有 3.5～4 个螺层,各螺层缓慢均增长,但在体螺层壳口附近增长迅速。螺层上、下两面皆膨胀,中央皆凹入。体螺层周缘具有弱钝的龙骨。壳面呈黄褐色、褐色或淡灰色,具有细的生长纹。壳口呈斜椭圆形,外缘薄,锐利,呈半圆形,内缘略呈">"形。脐孔略大,浅。

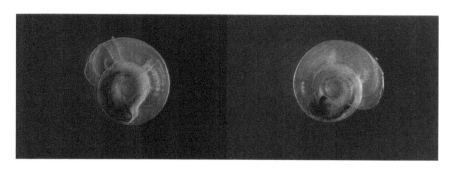

习性:本种分布较广,栖息于沼泽、水洼、池塘、稻田、沟渠及小溪沿岸带,常附着于水草及水中其他物体上。

采集地:西石桥。

扁旋螺(*Gyraulus compressus*)

形态特征:贝壳较小,壳质薄而坚固,外形呈圆盘状,有 4~4.5 个螺层,各螺层的宽度缓慢增长,各螺层上、下两面较小膨胀,具有同样排列的螺层,体螺层在壳口附近宽度及高度增长迅速,周缘有钝的龙骨,缝合线浅。有细的生长纹,壳面呈淡灰色、黑色或茶褐色。壳口斜椭圆形,外缘呈半圆形。脐孔宽、浅。

习性:本种分布较广,生活于池塘、沟渠、水田、湖泊及缓流的小溪内。

采集地:陶庄。

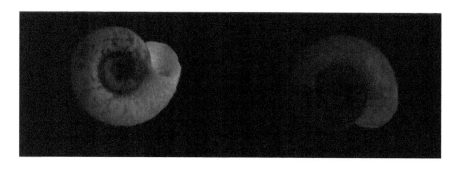

凸旋螺(*Gyraulus convexiusculus*)

形态特征:贝壳个体较小,壳质薄,略坚固,外形呈扁圆盘形,有 4~5 个螺层,各螺层宽度增长较均匀缓慢。贝壳上、下两面皆凹入,均可看到同样的螺层,体螺层周缘具有龙骨或者缺少龙骨,但不影响壳口外缘形状,外缘仍呈弧形。缝合线明显。壳面呈灰色、灰黄色或淡褐色。壳口略呈斜卵圆形。脐孔大而浅。

习性:本种分布较广,栖息于湖泊、小溪、灌溉沟渠、池塘、稻田、小水洼及沼泽地区中。

采集地:大溪水库、东西山铁塔、胥湖南、浦庄。

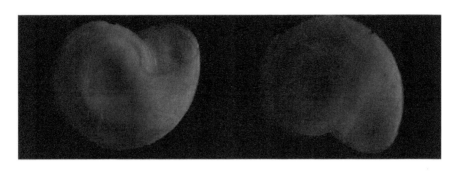

圆扁螺属(*Hippeutis*)

形态特征:壳小,凸镜形或扁圆形,螺层凸。体螺层大,并包住前一螺层的一部分,周缘具螺棱。壳口椭圆形或三角形。

大脐圆扁螺(*Hippeutis umbilicalis*)

形态特征:贝壳小型,大的直径可达 9 mm 以上。极端的右旋。壳质较厚,略透明,外形呈厚圆盘状,有4~5个螺层,各螺层在宽度上快速增长。体螺层增长特别迅速,宽大,将前面螺层覆盖着,壳口处膨大,在贝壳上部可看到全部螺层,壳顶凹入,在下部通常看不到全部螺层,仅看到一个较深的漏斗状脐孔,体螺层周缘圆或者底部具有钝的周缘龙骨,没有锐利的龙骨。缝合线深。壳面呈灰色或黄褐色,壳口斜,呈宽弯月形,周缘薄,内唇与外唇皆不呈">"形。贝壳内无隔板。

习性:栖息于小溪、灌溉沟渠、池塘、稻田和沼泽地区,喜生活于水生植物丛生的水域中,附着在水生植物的茎、叶或水中落叶上;pH 在 7.8 左右。

采集地:浦庄、墓东水库。

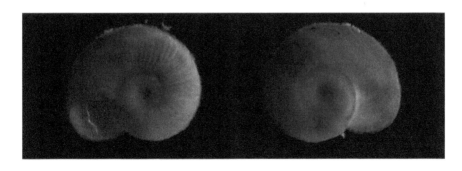

盘螺属(*Valvata*)

形态特征:贝壳小,螺层少壳面平滑或具肋。脐孔大。厣角质,薄,环纹密,核位于中央。有羽状鳃一个,伸出在颈部,全长游离。右侧有一个外套丝,二者均时常摆动,雌雄同体。贝壳呈圆盘形。螺层圆。缝合线深,口缘薄。脐孔宽深,具厣。

采集地:安欢浜。

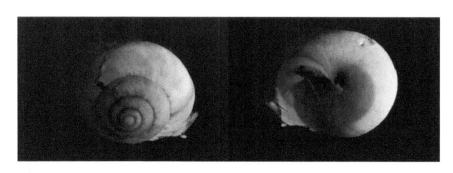

6.1.2.3　膀胱螺科(Physidae)

贝壳通常很薄,平滑而有光泽。左旋。触角柱状,眼在触角基部内侧。外套膜或多或少能反折贝壳上。

膀胱螺属(*Physa*)

形态特征:贝壳卵形,壳质脆薄。螺旋部短,壳顶尖。体螺层极胀大。壳口卵形,上端尖角状,下部圆,外唇薄,内唇扭曲,如泉膀胱螺。

习性:喜生活在淡水河流、湖泊、池塘及沼泽地中。

采集地:阳湖大桥、陶庄、洑溪涧。

6.1.2.4　瓶螺科(Ampullariidae)

大瓶螺(*Pomacea canaliculata*)

形态特征:贝壳短而圆,大且薄,壳右旋,脆而薄,卵圆形或球形。螺层6层,螺旋部呈短圆锥形,各螺层向外膨胀突出。体螺层极膨圆,缝合线明显凹入。壳表面光滑具光泽,呈棕褐色,生长纹细密,壳口大,卵圆形,完全壳口。厣角质。卵群茜红色或深红色,附着于外物上(又名福寿螺)。

习性:喜生活在水质清新、饵料充足的淡水中,多群栖息于池边浅水区。

采集地:江边水厂。

6.2　双壳纲(Bivalvia)

　　贝壳左右扁平,两侧对称,具有从两侧合抱身体的 2 个外套膜和 2 个贝壳,故名双壳类。身体由躯干、足和外套膜三部分组成,头部退化,故又名无头类。壳的背缘以韧带相连,两壳间有 1 个或 2 个横行肌柱(闭壳肌),以此开闭双壳。在体躯与外套膜之间,左右均有外套腔,内有瓣状鳃,故名瓣鳃类。足位于体躯腹侧,通常侧扁,呈斧状,伸出于两壳之间,故又称斧足类。

6.2.1　蚌目(Unionoida)

6.2.1.1　蚌科(Unionidae)

　　壳外形、个体大小、厚薄等特征变化较大,两壳相等,壳顶常被腐蚀;壳表面具生长线、突起、瘤状结节或色带等;具一外韧带;铰合部变化大。

无齿蚌属(*Anodonta*)

形态特征:贝壳呈卵圆形、椭圆形。贝壳较薄。壳表平滑,铰合部无任何铰合齿。

背角无齿蚌(*Anodonta woodiana*)

形态特征:贝壳大型、壳质较薄,易碎,但也有壳质厚而较坚固的。两壳稍膨胀,外形呈稍有角突的卵圆形。壳长约为壳高的 5 倍。贝壳两侧不等称。壳前部钝圆,后部略呈斜切状,末端钝。背缘略直,前背缘比后背缘稍短。后背缘向上稍倾斜,并与后缘的背部形成一个角突。后缘呈斜切状,与腹缘相连呈钝角状。腹缘呈大的弧形。壳顶略膨胀,位于靠近前端的背缘,通常被腐蚀,具 4～6 条粗的肋脉。壳面光滑,具有细致的不规则的同心环状生长轮脉。后背部有自壳顶向后射出的不明显的肋脉,最下条肋脉的末端在贝壳的中线上。

习性:多栖息于淤泥底、水流略缓或静水水域内(如小河、湖泊、池塘、稻田),是一种习见的种类。

采集地:潘家坝、百渎港、大溪水库。

圆背角无齿蚌(*Anodonta woodiana pacifica*)

形态特征:贝壳大型,壳质较薄,易碎。两壳极膨胀,外形呈有角突的卵圆形。壳长大于壳高的5倍。贝壳两侧不等称。壳前部短,后部长,呈斜切状。末端钝尖。背缘略直,后背缘向上极倾斜与后缘的背部形成一个显著的钝角突起,后缘呈斜切状,腹缘呈弧形。壳顶膨胀约位于背缘距前端1/3处,常被腐蚀,具有3~4条粗的肋脉。壳面光滑,具有细致的不规则的同心环状生长轮脉。后背部有自壳顶向后射出的3条不明显的肋脉,最下条末端在中线上。壳面呈绿褐色或黄褐色,具有从壳顶向腹缘的黄色放射状色带。

习性:多栖息于淤泥底、水流略缓或静水水域内(如小河、湖泊、池塘、稻田),是一种习见的种类。

采集地:竺山湖心、旧县、落蓬湾。

具角无齿蚌(*Anodonta angula*)

形态特征:贝壳中等大小,膨胀,贝壳质薄而易碎,呈不规则椭圆形,壳长约为壳高的5倍。壳顶略靠近背缘中央,稍膨胀但不突出背缘,被腐蚀。壳前端圆,后端稍尖。背缘短且十分平直,其前后两端分别与前缘及后缘相连,形成几乎相等的角突。后缘斜直末端延长与腹缘相连,呈向上倾斜的钝角,角尖位于壳面中线之上。前缘圆,腹缘呈一规则的大弧形。壳面黑褐色或黄绿色,具极不清楚的放射线,很光滑,光泽强。

习性:栖息于底质为淤泥的静水池塘。

采集地:吴江、钟楼大桥、潘家坝。

蚌形无齿蚌(*Anodonta arcaeformis*)

形态特征:贝壳中等大小,一般壳长约为壳高的5倍。壳质薄易碎。两壳膨胀,壳前部钝圆,后部为斜切状,末端略尖。背缘与腹缘略直,两者略呈平行状,后缘呈弧形,后背缘与后腹缘形成明显的钝角,后背部具有从壳顶向后射出的2~3条肋脉。肋脉低而呈钝角状,最下一条肋脉较明显,其末端在贝壳中线下,呈尖角状。壳顶膨胀,略突出于背缘之上,位于背缘偏前方,几乎位于贝壳的中部。壳顶常被腐蚀,具有细弱的肋脉。壳面呈淡黄绿色或黄褐色,有光泽,具有细弱的不规则同心环状生长轮脉。

习性:栖息于淤泥底或泥沙底的缓流或静水水域的湖泊、河流及池塘内。

采集地:平陵大桥。

珠蚌属(*Unio*)

形态特征:贝壳长椭圆形,长度大于宽度的2倍。壳顶显著突出于背缘之上。前端短而圆,后端延长,末端稍短窄,背缘与腹缘稍平行,铰合部甚发达,左壳具拟主齿与侧齿各2枚。

圆顶珠蚌 (*Unio douglasiae*)

形态特征:贝壳中等大小,壳质较薄,但坚硬,外形呈长椭圆形,长度大于高度的2

倍。贝壳两侧不等称。壳前部短而圆,后部伸长,末端稍窄扁。背缘略弯曲,后背缘长,稍弯,后部与腹缘相连略成不明显的钝角。背缘与腹缘接近平行,壳顶部大,略突出于背部位,于壳前部、壳长的 1/3~1/4 处。壳面生长线粗大,呈同心圆状,壳顶及其附近具有颗粒状突起,但成体的壳顶常被腐蚀,不易看出颗粒的分布。壳面呈黑褐色或黑色,幼壳多呈黄绿色、绿色或灰褐色。

习性:本种栖息环境广泛,是我国各地湖泊、河流、水库及池塘的沿岸带习见种类,且数量多,无论是泥底或沙底都有大量发现。

采集地:平陵大桥、沙塘港、袁巷。

尖嵴蚌属(*Acuticosta*)

中国尖嵴蚌(*Acuticosta chinensis*)

形态特征:壳质略厚,坚固,外形呈不规则的椭圆形或卵圆形。贝壳膨胀,两侧不等称。壳顶膨胀,突出,高于背缘之上,并向前略倾斜,位于贝壳前部 1/3 处。前缘圆,后缘呈钝角,后背缘比前背缘略高,并向下弯曲,腹缘呈弧形。壳后部具有明显的后背嵴,略突出,并呈锐角状,末端达到贝壳中线下部。壳面呈黄绿色或灰绿色,具有多束绿色的放射线,从壳顶部辐射到壳底边缘,壳顶具有粗的瘤或锯齿状的突起。韧带粗大。

习性:栖息于湖泊与河流内,多为泥底或泥沙底。

采集地:旧县、落蓬湾。

裂嵴蚌属(*Schistodesmus*)

射线裂嵴蚌(*Schistodesmus lampreyanus*)

形态特征:贝壳呈中等大小,壳质厚,坚硬,外形略呈三角形或卵圆形,两壳稍膨胀。两侧不等称。贝壳前部短圆,上部呈斜截状,下部弧形,后部较前部长。前背缘稍弯,极短,后背缘下斜,与后腹缘相连,形成钝角,腹缘成弧形。壳顶略高,略突出,位于壳中部偏前方,常被腐蚀。壳面光滑,具有数条以壳顶为中心的同心圆的粗大肋嵴,近腹缘者较细,中部者较粗,嵴间的距离很宽,几乎与嵴等宽。壳面呈黄绿色或绿黄色,有光泽,从壳顶至边缘有多条绿色或黑色粗密的放射线。

习性:本种栖息于泥底或泥沙底的水流较急的深水河流及湖泊内。

采集地:大溪水库、旧县、落蓬湾、太平桥。

扭蚌属(*Arconaia*)

形态特征:贝壳外形呈香蕉形,左右两壳部相等,贝壳后半部向左方或右方扭转。背缘前端稍延长成喙状。

扭蚌(*Arconaia lanceolata*)

形态特征:贝壳中等大小,壳质厚,坚固,外形窄长呈香蕉状,适当地膨胀。左右两壳不等称。贝壳后半部顺长轴向左方或右方扭转,略呈45°或者小于45°的扭转。贝壳前缘略延长呈尖领状突出,大部分种类突出部分扭转,后部伸长而弯曲,末端在后背嵴下边呈钝角。前背缘直,后背缘略向下倾斜,腹缘略直,中部凹入,后端略向上弯曲。后背嵴明显,略呈角状或窄圆状,在贝壳膨胀处较宽广。壳顶小,不突出,常被腐蚀,位于壳前端、贝壳长度的1/4处。壳面呈灰褐色,略覆盖着绒毛状物质,具有不规则细密的生长线,并在贝壳上部具有瘤状结节或者垂直皱褶,这些突起物在幼壳上明显,有一部分老壳消失。韧带细长,位于贝壳中部。

习性:栖息于河流及湖泊内的泥底或泥沙底,更适于流水环境。生活于硬底的个体小,而软泥或淤泥底的个体大。

采集地:竺山湖心、椒山。

楔蚌属(*Cuneopsis*)

形态特征:贝壳呈樨形,前部膨大,后端尖细。

圆头楔蚌(*Cuneopsis heudei*)

形态特征:贝壳中等大小或大型,壳质厚而坚固,两侧不对称,前部宽而圆,从壳顶略向后开始,宽度与高度均逐渐削弱,至后部窄小,外形呈楔形。壳长为壳高的 2 倍多,为壳宽的 3 倍。壳顶部肥大,高出背缘之上,并稍倾向前方,左右两壳顶紧接在一起,位于距前端壳长 1/7 处。壳前部膨胀,前缘钝圆,后部膨胀度较小,背缘呈截状,腹缘稍弯,伸长连成锐角。壳顶常被腐蚀,具有 3～4 条粗肋,壳面具有同心圆的较细致的生长线,在壳后端弯向背缘。壳面呈灰褐色或黑褐色,无光泽。

习性:本种生活于河流及湖泊内的泥沙底或泥底,一般在水流急的污泥底的环境中产量较大,栖息于水深 1～2 m 处。

采集地:别桥、旧县。

帆蚌属(*Hyriopsis*)

形态特征:壳大或巨大型,卵形,略膨胀,质坚厚。壳顶位于偏前端。后背缘常扩张呈翼状。铰合齿中拟主齿不发达,侧齿左壳 2 枚,右壳 1 枚,皆细长。

三角帆蚌(*Hyriopsis cumingii*)

形态特征:贝壳大型,扁平,壳质很厚,坚硬,外形略呈不整齐四边形。前部低而短,后部长而高。前背缘极短,与前缘向上伸展形成不明显的小冠突呈尖角状。后背缘与后缘向上伸展形成三角形帆状的后翼,约占贝壳表面积的 1/4,此翼脆弱易折断,但幼壳及野生成体上保存完整。前缘钝圆,腹缘与后缘相连,呈钝角状,腹缘略呈弧形。壳顶不膨胀,不高出背缘,位于背缘近前端,约在壳长 1/5 处,易腐蚀。壳面黄褐色或墨绿色,具有同心环状生长轮脉,轮脉在壳顶部较粗糙且排列间距也较小。背部有从壳顶射出的 3 条肋脉,肋脉低,最末一条呈钝角状,末端在贝壳中线下,其余 2 条平而宽。一般在后背部布有由结节突起组成的斜行粗肋。有从壳顶向边缘射出的绿色放射状线。这种放射状线在幼壳上清楚,在成体上不大明显或不存在。

习性:栖息于常年水位不干涸的大、中型湖泊及河流内,但喜生活在水质清、水流急、底质略硬的泥沙底或泥底的水域。在污泥底水流较缓的水域中也有,但产量少。

采集地:旧县、滆湖。

冠蚌属(*Cristaria*)

形态特征:壳大型或巨大型,较薄,卵形,很膨胀。壳顶位于偏前方。后方扩张,有时发展成翼状。拟主齿缺。侧齿细长而弱。老成的个体则近消失。

褶纹冠蚌(*Cristaria plicata*)

形态特征:贝壳大型,壳质较厚,坚固,膨胀,外形略呈三角形,贝壳两侧不等称。前部低而短,后部长而高。前背缘极短呈直角状突起,后背缘向上倾斜伸展成大型的鸡冠状。背缘易折断,故在成体冠常破损而不完整,幼壳的冠一般完整无缺。前缘钝圆,腹缘近直线状,后缘圆,后背缘呈斜截切状。壳顶低,略膨胀,位于贝壳前端约全长的 1/6 处,常被腐蚀。从壳顶向腹缘有数条与生长线相交成锐角的横肋,依次逐渐粗大,靠近壳顶的肋常因壳表面被腐蚀而显得不明显。在后背部的冠下缘,从壳顶起向后有 10 余条依次逐渐粗长的纵肋排成一列。壳表呈棕色、黄色、深黄绿色、淡青绿色或漆黑色,颜色向壳顶逐渐浅。壳表一般具有从壳顶向腹缘、前缘及后缘的放射线状色带,色绿,或黄、绿相杂。壳表面布有粗糙的同心环状生长线,还有不规则同心环状的色带,色带颜色有绿色、黄色或棕色,也有数种相杂分布。

习性:栖息于水流缓慢或静水的湖泊、河流、沟渠及池塘的泥底或沙泥底,以淤泥底水域中数量最多。

采集地:竺山湖、滆湖。

矛蚌属(*Lanceolaria*)

形态特征:贝壳外形窄长,壳长为壳高的3～5倍,前端圆钝,无喙状突;后端细尖,通常呈矛状。拟主齿大,左壳2枚,右壳1枚,侧齿细长,向后方延伸。后半部不扭转。

剑状矛蚌(*Lanceolaria gladiola*)

形态特征:贝壳中等大小或大型,贝壳坚厚,膨胀,两侧不对称,前部极短膨胀,钝圆,后部伸长,剧烈削尖,至末端变尖锐,外形窄长,呈剑状。后背嵴强,大,升高,从壳顶向下截状倾斜,至后端呈尖状,此尖位于贝壳中线以下。壳顶部膨胀,突出于背缘之上,位于壳前端,在贝壳全长的1/7处。前缘钝圆,背缘弯,从壳顶后方向后端倾斜,腹缘略呈直线,后部略向上弯曲,与背缘成尖角,腹缘中部微凹入。小月面发达,长,从壳顶至末端。壳面具有较弱的垂直的或弯曲的、短的纵褶,有的个体壳面全部皆有,有的个体只分布于壳顶及后背嵴的下方,并有规则的细致生长线。壳面呈褐色或灰褐色。

习性:栖息于湖泊、河流及池塘,水深2～3米处,但在流水环境栖息较多。

采集地:观山桥、大溪水库。

短褶矛蚌(*Lanceolaria grayana*)

形态特征:贝壳较大或中等大小,壳质厚,坚固,壳略膨胀,两侧不等称,窄长,外形呈长矛状。长度约为高度的4～5倍。贝壳前端钝,膨胀,后端细长,尖锐。壳顶部稍膨胀,低于背缘,经常被腐蚀,靠近前端,在贝壳全长1/10处。前缘钝圆,前背缘直,后背缘在壳长1/2处逐渐向下倾斜,腹缘直,背腹缘几乎平行,腹缘中部稍凹,后缘略圆,渐成锐角。小月面长形,发达。壳面灰褐色,生长轮脉细致,贝壳中部生长轮脉间具有许多排列整齐、规则的粗短颗粒形成的纵褶,并在壳顶处有着锯齿状的纵褶,因此称为短褶矛蚌。

习性:栖息于泥底或泥沙底的河流、湖泊及池塘内,但在流水的环境栖息的较多。

采集地:沙塘港、旧县。

丽蚌属(*Lamprotula*)

形态特征:壳质坚厚,卵形或亚三角形。壳顶稍偏前方,壳面面具有瘤状结节。铰合部发达,有放射状强大的拟主齿和强大的侧齿,左壳具拟主齿和侧齿各2枚,右壳具拟主齿和侧齿各1枚。

背瘤丽蚌(*Lamprotula leai*)

形态特征:贝壳较大,壳质较厚,坚硬,外形窄长、略呈椭圆形,两侧不等称。壳顶部略膨胀,稍突出于背缘之上,位在近背缘最前端。贝壳前部极短圆窄,后部长而逐渐压扁。腹缘和背缘呈弧形,背缘弧度小于腹缘,近直线状。前缘呈圆形,后缘弯曲,与后背缘后端连成钝角状,与腹缘后端连成锐角状,较突出。壳面背部有粗肋,前缘部、腹缘部和后缘部外都布满瘤状结节,一般瘤状结节衔联成条状,与后背部的粗肋接成"人"字形。幼壳壳面呈棕色,老壳呈黑褐色。贝壳外形及壳面瘤状结节变化很大,有的标本外形前端圆短或较长较宽,壳面瘤状结节或较少,或仅分布于背缘之下,或排列不规则。

习性:栖息于水流较急或缓流且水质澄清透明的河流,以及与其相通湖泊的水较深、冬季不干涸之处,底质较硬,上层为泥层,下为沙底,或泥沙底或卵石底,有的甚至生活在岩石缝中,但一般多在上层为泥层、下为沙底的环境中。

采集地:观山桥、天目湖。

角月丽蚌(*Lamprotula cornuum-lunae*)

形态特征:贝壳较小型,壳长 46～69.7 mm,壳宽 18～25.9 mm,壳高 29～45.3 mm,壳质略薄,坚硬,略膨胀,外形呈不规则的椭圆形或菱形。壳顶位于背缘最前端,壳顶低,不突出于背缘,膨胀,常被腐蚀。背缘和腹缘略弯曲,背缘前端圆,后缘上部呈斜截状,下部与腹缘相连呈圆形或略呈三角形。壳面除前腹缘附近光滑外,其余部分皆布有瘤状结节,有的联列成行,略呈放射状,后背部具有小斜肋。壳面呈栗壳色,有光泽。

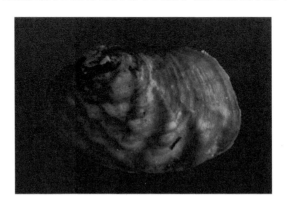

习性:栖息于沙泥底及泥底的流水湖泊或河流内。
采集地:袁巷。

6.2.2 帘蛤目（Veneroida）

帘蛤目的贝壳多样，主齿强壮，常伴有侧齿发育，闭合肌为等柱状。铰合齿少或没有，闭壳肌前后各一，鳃的构造复杂，丝间隔与瓣间隔均有血管相连。有进出水管，生殖孔与肾孔分开。足舌状或蠕虫状。

6.2.2.1 截蛏科（Solecurtidae）

贝壳长，呈圆柱状或卵圆形。两壳相等，壳质薄而脆，易碎，贝壳两端开口。壳顶不突出，位置随种类不同而有变化外韧带。铰合部变化大，左、右两壳上有1~3枚主齿，无侧齿。闭壳肌痕、伸足肌痕明显，位于壳顶下方，靠近背缘处，外套肌痕明显，并且有外套窦。壳内面无珍珠层。

淡水蛏属（*Novaculina*）

形态特征：贝壳长方形，两壳相等，前、后端开口。壳顶突出。外韧带有一斜槽与贝壳内部相连。铰合部左壳有3枚主齿，右壳有2枚主齿。外套窦末端较深弯入。

中国淡水蛏（*Novaculina chinensis*）

形态特征：贝壳小型，壳极薄，质脆易碎，外形与海产的缢蛏酷似。两壳相等，两侧不等称。贝壳前部较宽圆，从壳顶向后逐渐变窄变扁。壳顶稍突出背缘之上向内弯，位于前端，约在贝壳全长1/3处，常被腐损。腹缘平直，背缘自壳顶向前向后稍弯曲。前缘呈截状，后缘钝圆。在两壳关闭时，前端和后端皆有开口，前端开口小于后端。壳面有以壳顶为中心的呈椭圆形的生长线，细密而间距不规则，在贝壳的前后部壳面形成皱褶。外韧带呈柱状，棕色或紫色。壳面外被一层黄色易脱落的外皮，使壳表面常呈白色。壳周缘具有皱褶，颜色深于壳面，常呈黑褐色。皱褶常常包着壳内边缘。

习性：该种群栖于泥质或沙质的河底及湖泊内。

采集地：椒山、胥湖心、雅浦港。

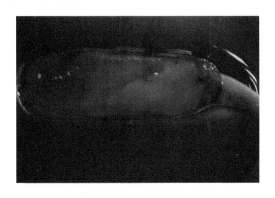

6.2.2.2 蚬科(Corbiculidae)

壳小型到中型。壳厚而坚固,外形圆形或近三角形。壳面具光泽和同心圆的轮脉,黄褐色或棕褐色,壳内面白色或青紫色。铰合部有3枚主齿,左壳前、后侧齿各1枚,右壳前、后侧齿各2枚,侧齿上端呈锯齿状。

蚬属(*Corbicula*)

形态特征:贝壳为卵形三角形或带圆状的三角形,有时壳顶高峻。有显著强壮的3枚主齿,前、后侧齿长。幼壳壳皮有黄绿色的线条或斑点。

河蚬(*Corbicula fluminea*)

形态特征:贝壳中等大小,壳质厚而坚硬,两壳膨胀,外形呈正三角形。贝壳两侧略等称。前部短于后部,前部短圆,后部略有角度。壳顶膨胀,突出,向内和向前弯曲,因此形成两壳顶极为接近,其位置略偏前方,在壳长2/5处,经常被腐蚀。腹部呈半圆形,背缘略呈截状,前缘圆。壳面呈棕黄色、黄绿色、黄褐色或漆黑色,并有光泽,壳面颜色与栖息环境及年龄有关,具有同心圆的粗的长生轮脉。壳顶膨胀,突出大,前缘、腹缘和后缘相连成半圆形,生长线粗疏。

习性:栖息于淡水、咸淡水的江河、湖泊、沟渠、池塘内,特别是在江河入海咸淡水交汇的江河中,产量大,底质多为沙底、沙泥底或泥底。水流较急或水流较缓的河湾、湖泊产量亦大。

采集地:滆湖、东太湖、沙塘港、大雷山。

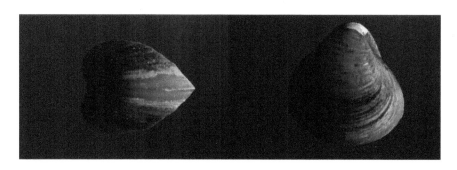

刻纹蚬(*Corbicula largillierti*)

形态特征:贝壳中等大小,壳质厚,坚固,两壳略膨胀,外形略呈正三角形。贝壳两侧不等称,壳长大于壳高。贝壳前部圆,后部呈截状,前部短于后部。前缘与腹缘形成大的弱弧形,后缘上部呈截状。壳面呈棕褐色,具有细密的同心圆生长轮脉。壳顶略膨胀,突出小,前缘、腹缘和后缘相连成弧形,生长线细密。

习性:栖息于泥沙底和泥底的河流及湖泊的水域内。

采集地:小梅口、阳澄湖、沙塘港。

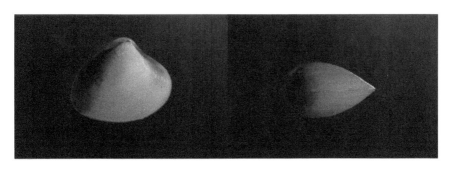

闪蚬(*Corbicula nitens*)

形态特征：贝壳个体略小，壳质较薄，但坚硬，两壳略膨胀，外形略呈卵圆形。两侧等称或略不等称。壳长略大于壳高。壳顶小，位于背缘中央或略近中央，贝壳前、后缘皆呈弧形。贝壳前、后背缘略等长，或前背缘略短，并向下倾斜呈截状，腹缘呈弱弧形。壳面黄褐色或黑褐色，具有明显的生长纹。贝壳中等大小，外形呈卵圆形，亮顶不突出或稍突出背缘。

习性：栖息于河流、水库、排水沟等地。

采集地：椒山、竺山湖南、北干河口、长荡湖。

6.2.2.3　球蚬科(Sphaeriidae)

贝壳小型至极小型，壳质薄而脆，被一层薄的壳皮覆盖。外形呈卵圆形、三角形或近方形。两壳相等，但两侧不对称。贝壳膨胀或略膨胀，位于壳中部偏前或偏后处。壳面光滑，具有细致的同心圆生长线，呈白色、粉色，有光泽。

球蚬属(*Sphaerium*)

形态特征：贝壳小型，质脆薄。壳顶位于近中央。主齿在右壳为"U"型，左壳有2枚小齿，前、后侧齿左壳1枚，右壳2枚。

湖球蚬(*Sphaerium lacustre*)

形态特征：贝壳小型，壳质极薄而很脆，很易碎。两壳膨胀，外形呈短方圆形。贝壳两侧略等称。前部略短于后部，前缘略直，后缘呈钝圆形。背缘略直，腹缘呈弱弧形。壳顶小,稍膨胀,突出于背缘之上,位于背缘近中央处,略偏前方,通常膨胀部位似泡状,折光性特强,实为壳顶部的帽状凸起,与贝壳的其他部分之间有一椭圆形缝线分开。壳面呈白色、淡黄色或灰白色,光滑,具细致的同心环状生长轮脉。贝壳略透明。

习性:栖息于底质为泥底及肥沃的淤泥底的沼泽、水塘、沟渠、河流及湖泊内。特别喜群栖于近郊污水(俗称肥水)的河道内。

采集地:沙塘港、观山桥、石埝桥。

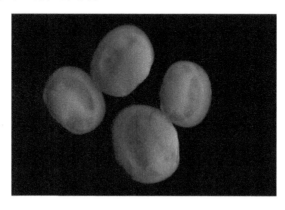

6.2.3　异柱目(Anisomyaria)

6.2.3.1　贻贝科(Mytilidae)

贝壳小,前端较细,后端宽圆,壳顶略向前弯曲,背缘弯,腹缘较直,多数种呈樕形。前闭壳肌小或缺,后闭壳肌大。由于营附着生活,足退化而足丝收缩肌发达。我国仅记录1种:湖沼股蛤,俗名淡水壳菜。

湖沼股蛤(*Limnoperna lacustris*)

形态特征:贝壳小,壳长一般为8～30 mm。壳质薄,外形侧面观似三角形。壳顶位于壳的前端,背缘弯曲,与后缘连成大弧形,后缘圆,腹缘平直,在足丝处内陷;由壳顶向后的部分壳面极凸出,形成一条龙骨凸起。生长线细密,较规则地分布于壳面上。壳面呈棕褐色、黄绿色或深棕色,壳顶至两侧龙骨凸起间呈黄褐色,壳顶后部呈棕褐色。足小,呈棒状。足丝发达,黑褐色,较粗,较硬。

习性:淡水壳菜一般分布在常年最低水线之下,在水深十余米处也有分布,生活在水流较缓的流水环境,如:湖泊、河流、工厂的沉淀池及工业冷却水管管道内。它凭借其分泌的足丝牢固地附着在水中硬物上,如:水下砖石、船舶水下部分、码头的木桩、岩石建筑及堤坝,工厂用水管道内,甚至其他个体的贝壳上。

采集地:黄埝桥、旧县、沙墩港、魏村。

七、节肢动物门(Arthropoda)

　　节肢动物是身体分节、附肢也分节的动物,一般由头、胸、腹三部分组成。是动物界中种类最多、数量最大、分布最广的种类。已知的节肢动物有 100 多万种,占动物总数的 80% 以上。

　　底栖生活的节肢动物主要由昆虫纲的水生昆虫及软甲纲的虾、蟹等组成。

7.1　软甲纲(Malacostraca)

　　头胸甲有或无。有成对的复眼。躯干部多为 15 节(胸部 8 节,腹部 7 节),除尾节外都有附肢。第 1 对触角多为双肢。胸肢为 8 对,单肢或双肢,一般内肢较发达。腹肢 6 对,多为双肢。

7.1.1　十足目(Decapoda)

　　主要特征为体侧扁,头胸甲发达,完全包被头胸部的所有体节。第 2 小颚的外肢发达,形成扁平宽大的呼吸板,称为颚舟片。胸肢 8 对,前 3 对分化成颚足,第 3 对颚足 4~6 节,后 5 对为步足,第 3 对步足不成螯状。

7.1.1.1　匙指虾科(Atyidae)

　　额角发达,大颚无触须,切齿不和臼齿部紧相连接。第 1、第 2 步足形状相似,钳指内缘凹陷,略呈匙状,末端具刷状丛毛。步足的外肢有或无。第 1 或前 4 对步足具肢鳃。

米虾属(*Caridina*)

　　形态特征:头胸甲具触角刺,无眼上刺,颊刺或有或无。步足不具外肢,第 1 对步足腕节的前缘具一凹陷。

习性:在湖泊、池塘及沟渠中,喜欢在水草丛中攀爬,以水生植物上的周丛生物为食,俗称草虾。轻污染水体中多见。

采集地:大溪水库、墓东水库、浦庄。

7.1.1.2　长臂虾科(Palaemonidae)

头胸甲具触角刺、鳃甲刺和肝刺有或无。大颚切齿部和臼齿部互相分离,触须有或无。第3颚足具外肢。步足均不具肢鳃,前2对步足呈钳状。

沼虾属(*Macrobrachium*)

形态特征:头胸甲具触角刺、肝刺,无鳃甲刺。大颚触角3节。第2对步足较粗大,雄性特别强大。

日本沼虾(*Macrobrachium nipponense*)

形态特征:虾体呈青绿色,俗称青虾。体外被有甲壳。全身有20节,即头胸部和腹部。头胸部由头部6体节与胸部8体节相互愈合而成,节间界线已完全消失。头胸甲略呈圆筒状,前端有1尖的突起称为额角。额角短于头胸甲本身长度,左右侧扁,上缘几乎平直,具锯齿11~14个,下缘向上弧曲,具锯齿2或3个。

习性:喜栖于多水草处,在草丛中攀爬,以水草、底栖性藻类及有机碎屑为食,有时亦捕食一些小型的底栖动物,轻污染水体中多见。

采集地:溪水库、渔洋山、沙墩港、椒山。

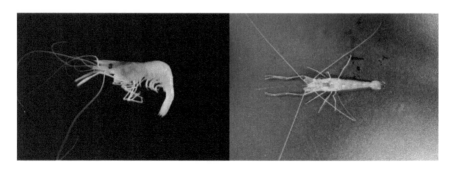

长臂虾属(*Palaemon*)

形态特征:大颚触须 3 节。头胸甲具触角刺、鳃甲刺,无肝刺。通常具有鳃甲沟。第 1 触角上鞭内侧分出一短小的副鞭;第 5 对步足末端腹缘有短毛数列;第 1 腹肢的内肢常无内附肢。

秀丽白虾(*Palaemon*(*Exo．*)*modestus*)

形态特征:体色透明,常带棕色小点。大颚有触须。头胸甲有鳃甲刺,无肝刺。额角上缘基部鸡冠状隆起,具 8~13 个齿,末部约 1/3 无齿。下缘具 2~4 个齿。腹部各节背面圆滑无脊。

习性:喜生活在淡水湖泊及河流中,产量大,为我国重要的淡水经济虾。轻污染水体中多见。

采集地:浦庄、大溪水库、小梅口、胥湖南。

小长臂虾属(*Palaemonetes*)

形态特征:头胸甲具鳃甲刺,不具肝刺。鳃甲沟明显。大颚不具触须;第 5 对步足末端具短毛数列。雄性第 1 腹肢不具内腹肢。

中华小长臂虾(*Palaemonetes sinensis*)

形态特征:额角短于头胸甲,平直前伸,上缘具 5~6 齿。头胸甲具触角刺、鳃甲刺。鳃甲沟伸至头胸甲中部之前。尾节末端中央呈尖刺状,两侧各具两刺,一大一小。大颚无触须,第五步足末半后缘有刺毛数列。体透明,带有棕色条纹。

习性:喜生活在水库、湖泊、池塘以及缓流的江叉中。轻污染水体中多见。

采集地:凌塘水库、茅东水库、雅浦港。

7.1.1.3　螯虾科(Cambaridae)

身体呈圆筒状,额角发达。头胸甲不与口前板愈合。前3对步足呈螯状,后2对呈爪状。胸部末节的胸甲与前一节间分离,步足基座两节愈合。

克氏原螯虾(*Procambarus clarkii*)

形态特征:甲壳很厚,身体血红色。

习性:这种虾在河流、池沼都能生活,常在河堤边营穴而居,对农业有害。

采集地:旧县。

7.1.1.4　方蟹科(Grapsidae)

头胸甲略扁平、方形,两侧缘平直,或稍微呈弧形。额宽很短,眼眶发达,位于身体的前侧角。口框方形。第3颚足之间留有空隙。其腕节不接于长节的内角(位于长节的外末角或前缘中部)。雄性生殖孔位于腹甲上。

绒螯蟹属(*Eriocheir*)

形态特征:螯足掌节密生绒毛。额平直,具4齿,额宽不超过头胸甲宽度的1/3。第1触角横卧,第2触角直立,第3颚足长节的长度约等于宽度。

中华绒螯蟹(*Eriocheir sinensis*)

形态特征:头胸甲墨绿色,呈方圆形,俯视近六边形,后半部宽于前半部,中央隆起,表面凹凸不平,共有6条突起为脊,额及肝区凹降,其前缘和左、右前侧缘共有12个棘齿。额部两侧有1对带柄的复眼。第1对步足呈棱柱形,末端似钳,为螯足,强大并密生绒毛。第4、第5对步足呈扁圆形,末端尖锐如针刺。

习性:布于我国沿海各省,生活于江河、湖泊或在水田的周围水沟中穴居。喜食螺蚌和动物尸体,有时也吃些水生植物和谷类。

采集地:旧县、西石桥。

相手蟹属(*Sesarma*)

形态特征:头胸甲背区平。额缘宽度大于头胸甲宽度的一半,额缘直,额部垂直下折。口腔前缘不突出超越额缘。额后脊显著。颊区及下肝区表面有网纹。

习性:相手蟹俗称螃蜞,其厌深水,忌干旱,喜栖于稍有积水的洞穴中,江边河岸、堤坎、池塘岸边及水田间常有它的洞穴,使田畦缺刻坍塌,常用其螯钳断禾苗,也取食腐殖质。

采集地:魏村、西石桥。

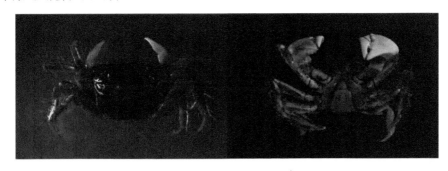

7.1.2 等足目(Isopoda)

等足目是一类背腹扁平的甲壳动物,是底栖生活的种类,无头甲。头部通常与胸部第 1 节愈合成头胸部。尾节常与第 6 节合成腹尾节。胸肢单肢,第 1 对形成颚足,后 7 对为步足。

7.1.2.1 浪漂水虱科(Cirolanidae)

形态特征:头呈三角形。眼大。7 对胸肢,其末节呈钩爪状,适于握执。腹部由 6 节组成,尾肢的内外肢很发达。

习性:生活于海岸及河口的沿岸地区,常成群出现,肉食性。

采集地:漫山。

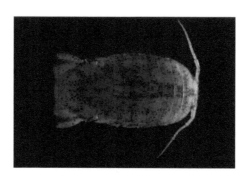

7.1.2.2　栉水虱科(Asellidae)

形态特征:身体细长,1~40 mm。有的种类具眼,有的无眼。身体背面光滑,有时具颗粒或刺,触角2对,第1触角一般短于体长,鞭部由数节到多节组成。第2触角一般较长,有时具有鳞片。口器正常。头部常与第1胸节愈合。第1对胸常呈亚螯状。步足的底节很小,后6对步足底节可自由活动。步足主要用来爬行,有些种类也可用来游泳。腹部体节完全愈合成1或2节,前2对腹肢两性不同,雌性无第1腹肢,第2腹肢有时盖于鳃室上。雄性第1、2腹肢,有的种类联合形成鳃室的盖,有的种类前后排列。其余各对腹肢在鳃室中,可行呼吸作用。尾肢为双枝型,柱状,接于腹节后缘近中央处,不形成尾扇。

采集地:昆承湖。

7.1.2.3　拟背尾水虱科(Paranthuridae)

日本拟背尾水虱(*Paranthura japonica*)

形态特征:体长6~12 mm,淡黄褐色,带有不规则花纹。体长圆柱状。头部小,前缘凹,额角稍突。眼较大,位于前侧角。第1~第5胸节几乎同长,端筒形,第6胸节稍短,第7节稍长。第1~第5腹节愈合,侧部分界,中央融合。尾节于末腹节愈合,长舌状。第2触角短小。前3胸节亚螯状。第1胸足较大,掌节内缘凹,基部有1小齿。第2、第3胸足掌节具小齿。后4对为步足。尾肢柄节于腹尾节等长,着生在腹节外末角,内肢短,外肢在腹尾节之上,垂直于原肢和内肢,与尾节形成尾扇。

采集地:竺山湖心、椒山。

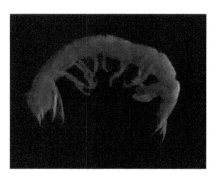

7.1.3 端足目(Amphipoda)

端足目种类的身体多侧扁,头小,无头胸甲。眼无柄。第1胸节与头愈合,胸部其他各节发达,分节明显,胸肢8对,单肢型,无外肢。第2、第3对较大,呈假螯状,称为腮足。腹肢为双枝型,前3对适于游泳,称为腹肢。后3对用于弹跳,称为尾肢。

7.1.3.1 畸钩虾科(Aoridae)

基节板小,第4对后缘上部无凹陷。无吻。触角间叶圆形,触角下叶呈直角或锐角。第1触角长于第2触角,前者大多有发达的内鞭。下唇内片发达,有尖的大颚突。触须3节,末节粗于第2节。第1小颚内叶只有1根刚毛;触须2节,第2节长于第1节,前者末端宽。颚足1对。两对腮足雌雄异形不明显,都有半钳,第1对常明显粗于第2对,特别是雄体。步足后2对颇长于前3对,第5对尤其特别长。3对尾肢均双枝型,第3对短,末端不超过前2对的末端。尾节后缘完整。

大螯蜚属(*Grandidierella*)

形态特征:身体近圆柱形,背部光滑。附鞭1节,通常延长,第1触角第3柄节短于第1柄节,鞭几乎等于柄长;第2触角柄节雄性较粗,鞭节短于第5柄节。大颚触须3节,下唇具完整的内叶。基节板短。5~7胸足修长,基节线形,具刚毛,1~2尾肢双枝型,第3尾单肢,较长于柄。尾节愈合。

太湖大螯蜚(*Grandidierella taihuensis*)

形态特征:雄性第1触角第1柄节后末端具1刺,后缘具3簇刚毛。第2触角第3柄节后末端具2刺。第2小颚内叶内侧中央具3根羽状毛。1~4基节板近长方形,腹缘具1根刚毛,2~4基节板后缘轻微突出。

雄性第1腮足螯状,基节长卵性,腕节几乎于基节等长;第2腮足基节修长,掌节掌缘平截。后下角具3个刺。5～7基节后缘膨大不明显,具羽状长毛。2～7胸节具鳃。第4腹节背部具2簇毛。第3尾肢柄节长大于宽。尾节宽大于长,边缘具刚毛。

采集地:阳澄湖、沙墩港、涡湖北。

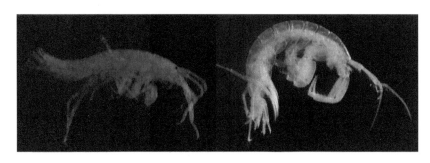

7.1.3.2 合眼钩虾科(Oedicerotidae)

躯体背部光滑,腹部大,胸部强壮。头部额角显著,呈镰刀形。眼睛在背面愈合。第1触角通常短于第2触角,附鞭缺乏或只留痕迹。第2触角长,无鞋形感觉器。第4基节板后缘凹陷,5～6基节板深。触须3节。第1小颚内叶小,毛少,外叶顶端具7个刺。颚足内叶小,触须大。第1、2,腮足拟钳状,腕节延长。3～4胸足短,开掘状。5～6胸足开掘状,几乎相等,第7胸足长,趾节针形。尾肢细长,披针形,双枝型。尾节完整,小。2～6胸节具基节鳃。雌性育卵板窄,近线形,缘毛较少。

江湖独眼钩虾(*Monoculodes limnophilus*)

形态特征:雌性躯体光滑,背部和基节板具稀疏的褐色斑点。额角极尖,几乎达第1触角柄节第1节的末端。眼睛中等大小,着生在额角的基部,背部相连。第1触角的末端达第2角鞭部的中段。上唇相对较浅。下唇内叶大而分离。右大颚切齿具6个齿,动颚片二分叉,臼齿表面光滑。左大颚切齿具5个齿,动颚片具5个齿。第1小颚内叶大,近顶端具1根刚毛,外叶具9个齿,齿较简单,触须第2节具顶端毛。第2小颚内叶远短于外叶,内外叶基部愈合。颚足内叶小,顶端具刚毛,外叶内缘具6个壮刺和几根毛,触须第3节宽,末端平截。

采集地:魏村、竺山湖。

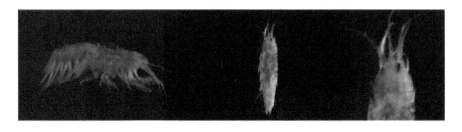

7.1.3.3 蜾蠃蜚科(Corophiidae)

第 2 触角特大,呈足状,触鞭特化为防御器官。大颚切齿和臼齿突变化很大,有的种退化。下唇在大颚后方,常为瓣状突起,各类不同。第 1 小颚一般由 2 小片构成,外片末端有时有触须,随种类而有较大变化。胸肢 8 对,都呈单枝型。第 1 对为颚足,底节左右愈合。

蜾蠃蜚属(*Corophium*)

形态特征:头部额角存在或缺乏,眼小或无,位于突出的侧叶上。第 1 触角柄第 3 节短于第 1 节,无副鞭。第 2 触角雌雄形态明显不同,一般雄性特别粗大,似足状,等于或长于第 1 触角,触鞭短于柄部第 5 节,柄第 4 节末端常有一齿。大颚臼齿突发达,触须通常 2 节。颚足外极大,触须延长,4 节,具长羽状刚毛。腮足小。第 1 腮足细,亚螯状,具强刚毛。第 2 腮足简单,也具长刚毛,腕节特别延长,与掌节呈前后并列状。步足具长刚毛;第 5 步足特别延长。第 1、2 尾肢双枝,分支短。第 3 尾肢不分枝,平坦、边缘具刚毛。尾节厚,常不裂开。

采集地:沙墩港、锡常大桥。

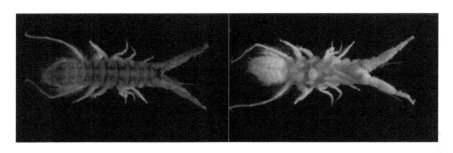

7.1.3.4 跳钩虾科(Talitridae)

躯体光滑,有时腹节背部具突出。复眼黑色,大小因种类不同而异。2~4 基节板大而且长于第 1 基节板,2~4 基节板后缘具尖的突出。第 1 触角短于第 2 触角的柄节,无附鞭。第 2 触角柄节长,雄性稍膨大,腺锥管无。下唇无内片。大颚无触须,臼齿突有发达的磨面。第 1 小颚触须退化为痕迹,由 2 节组成。颚足触须第 4 节非常小,或与第 3 节愈合,或缺失。雌雄 1、2 腮足表现出强烈的不同。雄性第 1 腮足小,简单,第 2 腮足强大,钳状。雌性第 2 腮足趾形,趾节短。后 3 对步足自前而后顺序逐对增长,底节宽大,趾节长而尖。腹足变化不一,第 3 尾肢单枝型。尾节完整,末端具小缺刻。2~6 胸节具基节鳃,育卵板线形,边缘具毛。

鲍氏板跳钩虾(*Platorchetia bousfieldi*)

形态特征:雌性体长 7.5 mm,头近长方形。无眼。第 1 触角柄节几乎等长,鞭 4 节。

第2触角柄部第4节长为第5节的71%,两缘具刺,鞭长为柄第5节的1.67倍,9节。

左大颚切齿具5个齿,动颚片具5个小齿。第1小颚内叶具2个粗壮的刚毛,外叶具9个锯齿状齿。第2小颚内叶具1根壮刚毛。颚足触须第4节明显。

采集地:东潘桥。

7.2　昆虫纲(Insecta)

昆虫的特征是身体分头、胸、腹三部分,胸部由前胸、中胸和后胸组成,每一部分附有1对胸足。很多昆虫具有2对翅,附着在中胸和后胸2个体节上。头上具复眼和1对触角。口器主要是咀嚼式、吸吮式和舔吸式。很多昆虫发育时进行全变态,幼虫期经多次蜕皮后变成蛹,羽化为成虫。昆虫纲分为很多目,这里描述的是营底栖生活的水生昆虫。

7.2.1　半翅目(Hemiptera)

半翅目成虫前翅基半部革质,端半部膜质,为半鞘翅,后翅膜质,故命名为半翅目。本目昆虫的头部一般在背侧显著地分为头盖板与唇基两部分,其余部分完全愈合。有两个较突出的复眼,两个单眼或缺单眼。口器或长或短,均作吻状,为刺吸口器。这类口器是由大、小颚变成针管状,藏于由下唇变成的沟管内,而上唇却变成沟管盖而成适于刺吸,刺入捕获物的组织或体内以吸取汁液。

本目昆虫前胸相当大,一般不分化。中胸、后胸构造复杂。其中以中胸小盾板最为显著,普通呈三角形,位于翅基间。半鞘翅的构造因种类而不同,为分类根据之一。一般除前翅的基部为革质外,其余部分和后翅全部为膜质。静止时,后翅常置于前翅下。足的构造多变,但其跗节稀为三节以上。

7.2.1.1　划蝽科(Corixidae)

形态特征:体多狭长,呈两侧平行的流线型,虫体大小在4~12 mm;喙呈短三角形,不分节;前足短,中足细长,后足扁浆状特化为游泳足,在水中行动迅速;时而升到水面呼吸,时而沉到水底,升降敏捷。

习性:本科种类分布很广,同一种类在数量上往往也很多;划蝽摄食泥中的腐屑、藻类、原生动物和其他微小生物,还取食丝状藻类;亦叮食鱼苗,是渔业上的严重敌害。

采集地:赵屯、天目湖。

7.2.1.2　潜水蝽科(Naucoridae)

形态特征:体扁形,头嵌在前胸间;触角短,4 节;眼大,缺单眼;喙稍弯曲,一般 3 节;胸宽,有大翅与短翅两型;前足短,适于掘握,中后足有游泳毛,跗节 2 节,有 2 个爪;腹端无呼吸管。

本科常见种类小判虫,体长约 14 mm,常在水草丛中快速游泳,捕食昆虫幼虫、鱼苗等,产卵于水草茎上,一年有 1~2 个世代,若虫有 5 个龄期,冬季以成虫越冬;滑手虫,俗称锅盖虫,体圆扁像锅盖而得名。

采集地:观山桥。

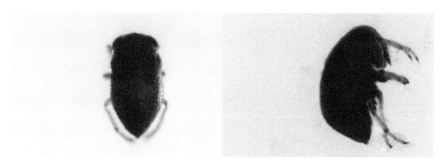

7.2.1.3　蝎蝽科(Nepidae)

形态特征:本科体形多变,有细长如螳螂者。有体阔呈长卵形,体暗灰褐色。头小,陷入前胸中。触角短而隐,3 节。眼大,缺单眼。喙 3 节,短。前胸长,呈颈状。足伸自前胸前方,前足适于捕握,胫节有沟,能容纳镰状跗节。某些种类在基节处有发音器。中足与后足细长,跗节 1 节,有爪,后足基节球状,能旋转。腹部 11 节,腹部末端有两根呼吸管,俗称尾。

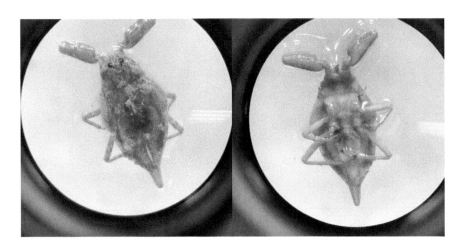

习性:栖息于水生植物茂盛的地方,静候突然发动攻击捕捉食物,其主要食物为昆虫幼虫、蠕虫、鱼苗等,但只能捕捉比自身个体小的动物。卵产于水草茎上或用水草做成的巢内。

采集地:观山桥。

7.2.1.4 仰泳蝽科(Notonectidae)

形态特征:游泳时以背面向下,腹面向上,用长形后足作浆仰泳,故得名仰泳蝽。体形中等,头陷前胸中;触角小,4节;眼大,无单眼;前足较短,中足亦不长,唯后足长而呈浆状;善于游泳,常仰浮水面,把腹部末端伸入空气中进行呼吸。

习性:中污染偏轻的水体中多见。

采集地:沋溪涧。

7.2.1.5 田鳖科(负子蝽科)(Belostomatidae)

形态特征:喙圆锥形,外露可动,3或4节。前足跗节2或3节。体后端的呼吸管短

(有时不明显),后足扁,有缘毛,适于游泳。

本科突出特点是体形大而阔扁。喙 5 节短而强,触角 4 节。缺单眼。腿节大,尤其前足强大,为捕食器,中足及后足跗节各为 2 节,有两个爪。膜翅部有显著的翅脉。有些种类雄体有负卵的习性。有害鱼苗。分布温带与热带。

负子蝽属(*Diplonychus*)

形态特征:为我国各地常见的大型种类,体长 65～70 mm。体暗褐色。体扁平,背面观为卵圆形。头小,为三角形,前足胫节粗大而向外扩张。跗节 1 节,末端有锋利的长爪,借以攻击捕获物。后足粗扁平。腹部 6 节,末端具 1 对短而能伸缩的呼吸管,常爬到近水面处伸出尾端的呼吸管进行呼吸。

习性:白天潜藏在水草间或树枝等处,夜间飞出水面,有趋光性,捕食各种水生动物,包括蝌蚪、小蛙和小鱼等,也食鱼卵。捕食时先麻醉食物,刺吸血液,后食其肉体。产卵于水生植物或木片、树枝等上面。

采集地:二圣水库、观山桥。

7.2.1.6　黾蝽科(水黾科)(Gerridae)

形态特征:本科种类为池塘水面最常见的昆虫之一,体长 8～15 mm,头稍长。触角 4 节。单眼退化。喙 4 节。前胸长。体细长。中、后足亦细长,跗节 2 节适于在水面奔跑,甚至可逆流而上,有些还可在海水上游跑。食浮游甲壳类与其他水生昆虫以及落到水面上的昆虫,当缺乏食物时可自相残杀。

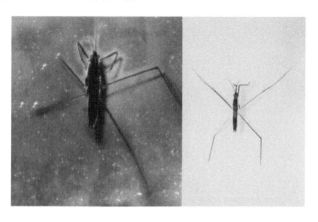

习性：在河水、湖水、池塘、湿地等环境栖息；成虫在藓类植物、石头下或植物根系丛中越冬，第二年再度回到水域中。

采集地：观山桥、洑溪涧。

7.2.2 蜉蝣目（Ephemeroptera）

稚虫体长一般不超过 10～15 mm，但也有可达 20～30 mm 者。因形态不同，稚虫生活方式也不同。有些种类在水草中游泳，并能附生水草上，有些种类在水底淤泥上爬行生活，有些种类在黏土中挖掘通道，有些种类具扁化的身体，栖息在清澄的急流中，藏在石头底下生活。

蜉蝣稚虫的食物是腐屑、小型藻类、原生动物、腐烂的水草，有少数种类是肉食性的，以小型昆虫为食。

7.2.2.1 四节蜉科（Baetidae）

形态特征：一般较小，体长 3～12 mm。身体大多呈流线型，运动有点像小鱼；身体背腹厚度大于身体宽度；触角长度大于头宽的 2 倍；后翅芽有时消失；腹部各节的侧后角延长成明显的尖锐突起；鳃一般 7 对，有时 5 对或 6 对，位于第 1～7 腹节背侧面；2 或 3 根尾丝，具有长而密的细毛。

习性：各种水体都有分布，静水区域和流水区域都能采到很多种类。

二翅蜉属（*Cloeon*）

形态特征：稚虫上颚具细毛簇，切齿端部分离；下颚须 3 节；下唇须 3 节，第 3 节四方形；爪较长，具 2 排齿或无齿；鳃 7 对，分为 2 片；无后翅芽；3 根尾丝。第 8、第 9 背板侧缘具刺。

采集地:狱溪涧。

7.2.2.2 扁蜉科(Heptageniidae)

形态特征:身体各部扁平,背腹厚度明显小于身体的宽度;足的关节为前后型;鳃位于第 1~7 腹节体背或体侧,每枚鳃分为背腹两部分,背方的鳃片状,膜质,而腹方的鳃丝状,一般成簇,第 7 对鳃的丝状部分很小或缺失;2 或 3 根尾丝。

习性:常栖急流,匍匐石面等物体上。基本生活于流水环境中。能在湖泊和大型河流的近岸缓流处,在溪流的各种底质如石块、枯枝落叶等表面采集到。刮食性和滤食性种类为主,主要食物为颗粒状藻类和腐殖质。

扁蜉属(Heptagenia)

形态特征:稚虫上唇为头壳宽度的 0.4~0.6 倍;下颚顶端密生栉状齿,腹表面具一细毛列,鳃 7 对,各鳃都分为膜片状部分和丝状部分。尾丝 3 根,各节上和节间具刺和细毛。

习性:本属生活于清洁环境中。能在湖泊和大型河流的近岸缓流处的底质中采到,在溪流的各种底质如石块、枯枝落叶等下方常能采到大量稚虫。

采集地:陶庄、茅山西、横涧。

背部　　　　　　　　　　　　鳃

似动蜉属(Cinygmina)

形态特征:3 根尾丝,尾丝各节之间具短刺;第 5 和第 6 对鳃膜质部分的顶端常具一细长的丝状突起。

习性：多生活于清洁流水环境中。能在湖泊和大型河流的近岸缓流处的底质中采到，在溪流的各种底质如石块、枯枝落叶等下方常能采到大量稚虫。

背部　　　　　　　　　　　腹部

采集地：平桥、芙蓉村、上横涧。

7.2.2.3　细蜉科（Caenidae）

个体小，除触角和尾丝外，体长一般在 5 mm 以下。身体扁平；第 1 腹节上的鳃单枚，2 节，细长；第 2 节上的鳃背叶扩大，呈四方形，将后面的鳃全部盖住，左右两鳃重叠，背表面具隆起分支的脊；第 3～6 腹节上的鳃呈片状，单叶，外缘呈缨毛状，缨毛状部分可能再分支。鳃位于体背。尾丝 3 根，具稀疏长毛。

细蜉属（*Caenis*）

形态特征：体长 2～7 mm，头顶无棘突；上颚侧面具毛，下颚须及下唇须 3 节；前足与中后足长度相差不大，前足腹侧位，使前胸腹板呈三角形状；爪短小，尖端可能弯曲；腹部各节背板的侧后角可能向侧后方突出呈尖锐状但不向背方弯曲；尾丝 3 根，节间具细毛。

习性：大多生活于静水水体（如水库、池塘、浅潭、水洼等）的表层基质中，如泥质、泥沙与枯枝落叶混合的底质中。少数生活于急流底部。

采集地：洑溪涧、长荡湖。

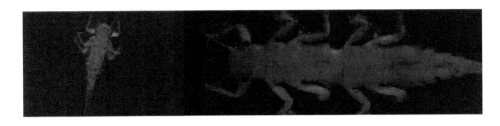

7.2.2.4　细裳蜉科（Leptophlebiidae）

形态特征：体长一般在 10 mm 以下，身体大多扁平，下颚须与下唇须 3 节；鳃 6 或

7对,除第1和第7可能变化外,其余各鳃端部大多分叉,具缘毛,形状各异,一般位于体侧,少数位于腹部;3根尾丝。

习性:本科孵游身体柔软,游泳能力不强,一般生活于急流的底质中或石块表面,在静水中也能采到。滤食性为主,少数刮食性。

宽基蜉属(*Choroterpes*)

形态特征:前口式,鳃7对,第1对鳃丝状,单枚;第2~7对鳃相似,基本呈片状,后缘分裂为三枚尖突状。

习性:稚虫在急流的砾石下面生活,适于溶解氧高的清洁水体。

采集地:茅山西、洑溪涧。

似宽基蜉属(*Choroterpides*)

形态特征:前口式,下颚须极长,背面观,明显露在头部之外;下颚内侧顶端具一大的突起;下唇须极长,伸展在头部之外。鳃6对,分为2枚,片状,端部分为3叉。

采集地:芙蓉村、涧河。

拟细裳蜉属(*Paraleptophlebia*)

形态特征:下口式。鳃7对,单枚,分为两叉状,分叉基本到达基部;上唇中央凹陷浅。

习性:稚虫在清洁河流上游的溪流中多见,在高氧水体的砾石间生活。

采集地:涧河。

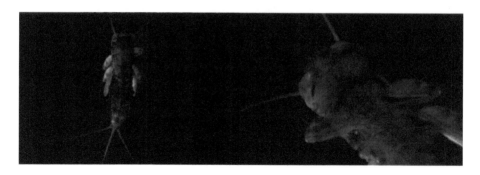

细裳蜉属（*Leptophlebia*）

形态特征：腹部第 1 对鳃与后面各对鳃在形状和结构上不同：第 1 对鳃单根丝状，2～7 对鳃的后缘可能分叉，其他部位完整；腹部 2～7 对鳃的后缘延伸成尖锐的细丝状。

采集地：袁巷、洑溪桥。

7.2.2.5　新蜉科（Neoephemeridae）

形态特征：个体较大,除触角和尾丝外,体长一般在 10 mm 以上。身体呈圆柱形或扁圆柱形,褐色；第 1 腹节上的鳃分 2 节,小而不易观察到；第 2 节上的鳃扩大,呈四方形,背面有时具脊,全部或几乎全部盖住后面的鳃,但左右两鳃不重叠或不相接,有些种类的左右鳃相接,铰合在一起而不易分开,第 3～6 腹节上的鳃膜质片状,外缘呈缨毛状；鳃位于体背；3 根尾丝。

习性：生活于静水中的石块、枯枝落叶或泥沙中。游泳能力不强,行动缓慢,不活泼。

新蜉属（*Neoephemera*）

形态特征：前胸背板前侧角向前突出；中胸前侧角突出；前足胫节短于腿节；第 2 对鳃合并,缘部无细毛；尾丝 3 根,毛稀少。

采集地:陶庄。

小河蜉属(*Potamanthellus*)

形态特征:前胸背板前侧角不明显突出,中胸背板前侧角不明显突出;第 2 对鳃内缘密生细毛,两鳃不愈合;尾丝 3 根,密生细毛。

采集地:陶庄、墓东水库。

7.2.2.6 蜉蝣科(Ephemeridae)

形态特征:个体较大,除触角和尾丝外,体长一般在 10 mm 以上。身体圆柱形,常为淡黄色或黄色;上颚突出成明显的牙状,除基部外,上颚牙表面不具刺突,端部向上弯曲;各足极度特化,适合于挖掘;身体表面和足上密生长细毛;鳃 7 对,除第 1 对较小外,其余每鳃分 2 枚,每枚又为两叉状,鳃缘成缨毛状,位于体背。生活时,鳃由前向后按秩序具节律性地抖动;3 根尾丝。

习性:穴居于泥沙质的静水水体底质中;滤食性。

蜉蝣属(*Ephemera*)

形态特征:额突明显,前缘中央凹陷呈不明显的两叉状;触角基部强烈突出,端部呈分叉状;上唇近圆形,前缘强烈突出;上颚牙明显,横截面呈圆形;前足不明显退化。

采集地:洑溪涧、芙蓉村。

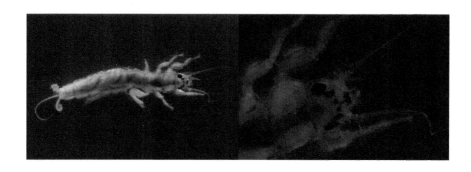

7.2.3 广翅目(Megaloptera)

体粗长,略扁,表面粗糙并具刚毛;头部和胸部背面多具不规则的斑纹。头部大,强骨化,近方形,背面具"Y"形的蜕裂线,其两侧各具6~7枚近圆形的侧单眼。触角很短,4~5节,与上颚近乎等长,位于头部前侧角。唇基平截,上唇三角形,泥蛉科上唇中央明显突伸。上颚发达,末端尖锐,内缘具2~4小齿。前胸长方形,明显大于中后胸;胸部背板骨化均较强;前胸腹板较发达,中后胸腹板退化以至其腹面近乎膜质。足3对,较发达,具基节、转节、股节、胫节、不分节的跗节和1对简单的爪;前足略短于中后足。腹部柔软肥大,长约为头部和胸部的总长,末端渐细,可见10节。齿蛉科1~8腹节两侧各具1对鞭状的气管鳃,其中齿蛉亚科气管鳃下具浓密的毛簇,鱼蛉亚科第8腹节气门处常呈柄状突伸形成呼吸管;第9腹节无特化结构;第10腹节具1对钩状臀足,其近端部外侧各具1刺突,末端具1对爪。泥蛉科1~7腹节两侧各具1对鞭状气管鳃,第8~9腹节无特化,第10腹节无钩状臀足,但其中央具1较长的尾丝。

对污染较为敏感,在生物指示上起着重要作用。

7.2.3.1 齿蛉科(Corydalidae)

形态特征:本科幼虫淡黄色,体长可达30~65 mm,甚至80 mm;在第1~8腹节两侧均具1对丝状气管鳃;腹部最后一节具1对臀足,每只臀足末端均具2个钩爪。

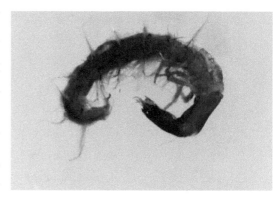

习性:生活于急流水底的石块下;有发达的咀嚼式口器,可取食其他水生昆虫和小型无脊椎动物;有时甚至可咬人;一般在水边湿土、苔藓或腐败植物体中化蛹,再羽化为成虫。

采集地:沭溪涧。

7.2.4　鞘翅目（Coleoptera）

鞘翅目昆虫普通叫做甲虫、蚵或甲。主要特征为:咀嚼式口器,多数无单眼,触角多数为 11 节,前胸很发达,前翅为角质而无翅脉,坚厚如鞘,静止时两翅覆盖在后翅上,叫鞘翅。后翅为膜质,有翅脉,纵横折叠于鞘翅下。小盾片三角形。一般 3 对,但多变化。腹部 10 节,一般腹板只能看到 5～8 节,无尾须。

7.2.4.1　沼梭甲科（Haliplidae）

形态特征:幼虫狭长;头部稍微或强烈隆起,头两侧各有 6 个单眼;上颚非常突出;背面多有瘤突或被稠密毛;足长,有游泳刷;胸足分 5 节,在各跗节上均具单爪;腹部为 9～10 节,有时有 7 对鳃;尾突不分节。

习性:幼虫主要生活在池沼、沟渠等水中丝状藻类丛中,中污染水体中多见。

采集地:江边水厂、茅山西。

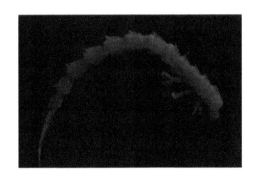

7.2.4.2　龙虱科（Dytiscidae）

形态特征:

稚虫:上颚发生特化,和下颚一起组成 1 对刺吸构造;足细而长,分为 5 节,适于游泳;所有胸足的跗节均具两爪,胸部和胸足的跗节均为圆柱形。幼虫体长一般为 5～70 mm。

成虫:椭圆且扁,光滑流线型;为游泳型甲虫,后足具游泳刷;头壳插入前胸背板中;触角一般很长,丝状;胸部腹面通常具有明显的缝合线;成虫体长一般 3～25 mm。

习性:龙虱科是一个大科,种类很多,几乎在各种水体中都可生存,主要喜栖水清砂底且多水草处,在水流很急的河流和溪流中较少见;为肉食性动物,主要捕食各类水生昆虫幼虫、甲壳类、小型腹足纲、蝌蚪、鱼苗等;幼虫口器中有一专门的吸管来吸取食物中的汁液。

采集地:雅浦港、茅山西、洑溪涧。

7.2.4.3　步甲科(Carabidae)

　　形态特征:体长圆形或圆柱形,多为暗黑色,少数具有金属光泽。头前口式,常窄于前胸;复眼凸圆或退化。触角 11 节,丝状。可见腹板 6～8 节。足细长,有些类群前、中足演化为适于开掘的特征。

　　习性:在河流沿岸带栖息。

　　采集地:茅山西、洑溪涧。

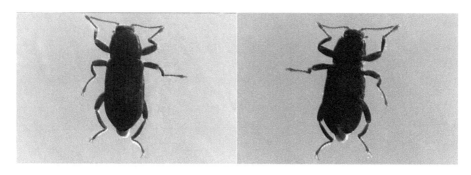

7.2.4.4　叶甲科(Chrysomelidae)

　　形态特征:身体底色多为乳白色、灰色或褐色。体粗壮,弯成 C 形,背面十分隆起。体表常被排列规则的深色骨片,背腹面具长短不等的毛,有些种类具金属光泽。头部圆形,骨化较强,下口式,头部脱裂线发达,冠缝较长。触角 3 节,有单眼 5～6 个,十分隆凸。上唇片状,上颚强大,一般具 5 个齿,下颚须 4 节,下唇须 2 节。前胸背板骨化,胸部和腹部常有 2 排横列骨片,足短粗,端部有不发达的爪垫,腹部 10 节,第 10 节位于第

9节下方,中、后胸及腹部背板除一般体瘤突外,在两侧常有排列规则的小隆突。

习性:在山地较清洁的河流中栖息。

采集地:观山桥、大溪水库。

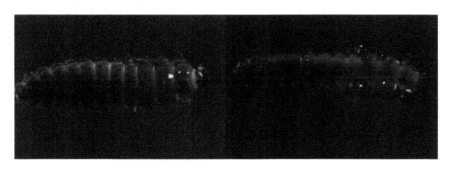

7.2.5　鳞翅目(Lepidoptera)

鳞翅目昆虫俗称蝶、蛾。成虫小至中型,翅展5～150 mm。体躯略长圆形、圆筒形,翅扁平,狭或阔,体壁大多柔软、脆弱,也有坚硬呈羊皮纸状者。头部及翅覆盖毛及鳞片。鳞翅目昆虫中,与水生、半水生有联系的种类很多,但只有少数蛾类是水生的,蝶类中尚未发现有水生的种类。水螟是许多湿地生态系统的重要成员,有些危害水稻及水生百合类及其他禾本类,有些则有控制某些水草的潜力。

幼虫为多足型。胸部3节,各有胸足1对。腹部10节,第10节上有尾足1对。幼虫口器为咀嚼式,末端有吐丝器。幼虫多为植食性,有筑巢习性。

7.2.5.1　螟蛾科(Pyralidae)

形态特征:头分下口式和前口式,钻茎和蛀叶的种类为前口式,其他通常下口式。头的两侧通常6个单眼,为无晶体的黑点。许多水螟幼虫具气管鳃(1龄幼虫无气管鳃),气管鳃通常位于第2～3胸节和腹节上,少数也位于第1胸节上,有时第9、10腹节无气管鳃;气管鳃丝状,单生或簇生。气管鳃多不分枝,但简水螟属幼虫的气管鳃分枝。

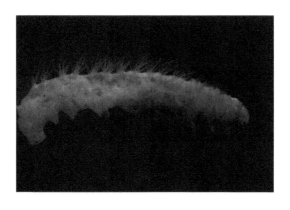

习性:幼虫栖息在滞留的水域中,可随其宿主生活于深水中,通常做袋状巢,多食性。
采集地:观山桥。

7.2.6　毛翅目(Trichoptera)

毛翅目昆虫通称石蛾,成虫小型或大型,头小,多毛,触角细长,多节。复眼一般大小,咀嚼式口器,但退化无咀嚼功能。前胸小,背板上多有2个大的瘤状突起并具毛,中胸大而多毛,后胸一般无毛。翅2对,膜质,翅面上具毛(个别具鳞片)。足细长。腹部10节,雄体腹末外生殖器发达,有像尾丝的分节突起。毛翅目为完全变态昆虫,幼虫通称石蚕。

幼虫有筑巢习性,在水底生活的种类,巢筒多用砂粒、砾石、介壳等沉重物质筑成,或黏附在石块上。在水草间生活的种类,多用植物的茎叶和腐屑等筑巢。不做巢筒的种类,腹部末端的爪钩发达。肉食性种类捕食摇蚊和蚋的幼虫以及小型甲壳动物,也有以藻类和水草为食的植食性种类。幼虫生活期一年或半年左右,经6次蜕皮后形成蛹。羽化时咬破保护物而爬到水面上。毛翅目幼虫用气管鳃或通过渗透作用呼吸水中溶解的氧,对氧的要求很高。幼虫是鱼类的天然饵料。

7.2.6.1　原石蛾科(Rhyacophilidae)

形态特征:幼虫体长达25 mm,呈浅绿色或紫色。头部具暗色斑点,第一胸节背面硬化。第二、三节背面为革质。胸足等长,腹末臀足发达,两节。第一节具一长一短的突起,末端爪大,具分枝的气管鳃。

习性:幼虫多栖冷水中,在山谷小溪河中常见,蛹藏于光滑浅红至褐色的茧中。
采集地:漕桥、落蓬湾。

7.2.6.2　多距石蛾科(Polycentropodidae)

形态特征:幼虫体长达27 mm。头部椭圆形,具黑色斑点。眼近前缘,触角退化。胸足短,爪具基棘。腹部具有深的横缢,管状,缺气管鳃,腹末端的臀足3节,最后一节具尖的爪。幼虫具尖的爪。幼虫筑管状捕捉网,末端弯曲。

习性:生活在水流缓慢河中。

采集地:落蓬湾。

7.2.6.3 纹石蛾科(Hydropsychidae)

形态特征:幼虫体长达22 mm。头部不大,大触角退化。大颚具多齿。3个胸节背面均硬化形相似正方形的甲板,甲板上具有黑缘及斑点。胸足短,第1对足具多棘及刚毛。腹部被披暗色短的细毛。腹末臀足2节,末端具1束长的黑色刚毛。具分枝的气管鳃。幼虫不筑巢筒,但在石头上或其他物体上建筑捕捉小网。由规则的长方形网眼构成,以落网的有机物为食。

习性:通常栖息流水中,在河、溪中有时大量出现。

采集地:茅山西、陶庄、黄埝桥。

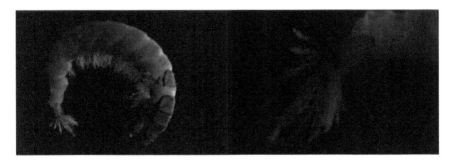

7.2.6.4 细翅石蛾科(Molannidae)

形态特征:幼虫体长达17 mm,身体扁平。头部卵圆形,中间具黑色图案。第一、二胸节背面硬化。足具细毛。具3～4个细管排列成束的气管鳃。小巢筒形状特殊,由砂粒筑成,具大的侧突起,呈盾状。

习性:栖于静水水域的淤泥或沙中。

采集地:茅东水库。

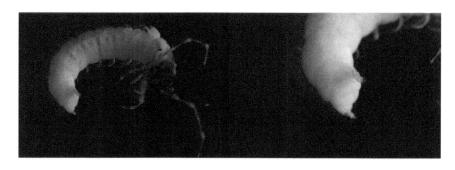

7.2.6.5　长角石蛾科(Leptoceridae)

形态特征:幼虫体长达 11 mm,体圆柱形。大触角很长。末端具刚毛。腹部比胸节粗。腹末臀足短,具强爪,腹节上均具成束的气管鳃,巢筒一般由砂粒或腺的分泌物筑成。

习性:在湖泊及河流中沿岸区常见。

采集地:观山桥。

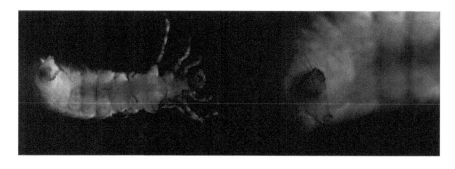

7.2.6.6　径石蛾科(Ecnomidae)

形态特征:头部几乎与胸同长;前中后胸背板完全骨化;腹部具侧毛带;无气管鳃;臀爪长;腹部第九节无骨化的骨片。

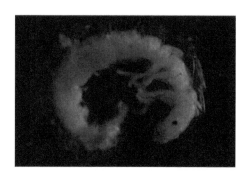

采集地：浦庄、胥湖南、东西山铁塔。

7.2.6.7　舌石蛾科（Glossosomatidae）

形态特征：头壳卵圆形，头部及前胸背板呈黄褐色，头部腹面唇根前突，小且呈三角形。前胸背板前缘具1列长刚毛，前缘1/3处最宽，具3或4根长刚毛，中、后胸无骨片。腹部第9节有骨片，气管鳃缺失。臀足基半部与第9节广泛相连，臀爪至少有1个背附钩。巢长不超过12 mm，马鞍形。

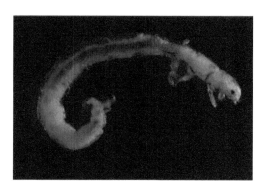

习性：幼虫以粗砂粒筑成鞍形，可移动巢。在山地清洁河流、溪流中栖息，水体通常寒冷。

采集地：落蓬湾。

7.2.6.8　畸距石蛾科（Dipseudopsidae）

形态特征：上唇骨化，呈圆形。下唇细长，末端细管状，尖锐。腹部有侧毛列，足短，胫跗节扁平，有毛刷；臀末有显著乳突。

采集地：石埝桥。

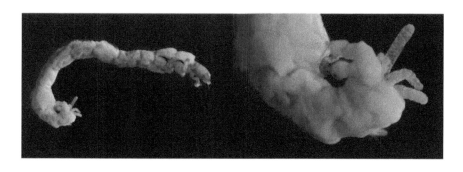

7.2.6.9　剑石蛾科（Xiphocentronidae）

形态特征：腹部无侧毛列。各足胫、跗节均愈合；前足基、转节小，锥状；中胸侧板向前延伸成一突起;巢管状,有砂粒构成。

　　采集地:横涧。

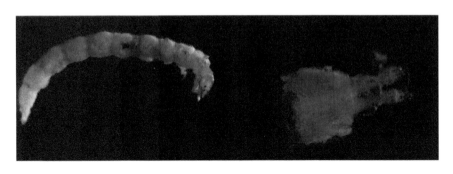

7.2.6.10　枝石蛾科（Calamoceratidae）

　　形态特征:后足跗节爪与其他足相同。上唇中部有1横列毛,约16根以上;巢由树叶、树皮和中空的短枝条构成。

　　采集地:天目湖。

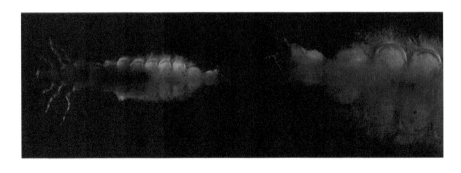

7.2.7　襀翅目（Plecoptera）

　　形态特征:襀翅目昆虫通称襀或襀翅虫。体中到大型,柔软,略扁平。头宽,触角丝状,由25～100节组成。复眼1对,单眼2或3个。有发育不全的咀嚼式口器。翅膜质,后翅大于前翅,静止时纵叠于腹背上,飞行能力弱。腹部11节。尾丝1对,长丝状且多节。雌成虫缺产卵管,产卵数多达五六千粒。为不完全变态。成虫生活期一个月左右。

　　稚虫的形状与成虫相似,生活期1～3年,蜕皮23次。稚虫喜欢在含氧充足流水的砾石下或砂粒间生活。肉食性,多以蜉蝣稚虫、摇蚊幼虫等底栖动物为食,也有草食者。为冷水性鱼类的良好天然饵料。大型种类亦常被用作钓饵。

　　采集地:魏村水厂、茅山西。

7.2.8　蜻蜓目（Odonata）

　　稚虫在水底爬行生活,不能游泳。稚虫分头、胸、腹三部分,体色为褐色或稍带绿色。头部口器有罩形下唇,不用时折于头下,适于捕食。胸部 3 节,前胸小,中后胸愈合。胸节背面有发育不全的翅芽。腹部由 11 节组成,最后 1 节不发达。腹部光滑或具背棘和侧棘。常见的蜻蜓隶属束翅亚目和差翅亚目。稚虫以捕食水中的蜉蝣和摇蚊等小动物为食,也捕食蝌蚪和鱼苗,给水产养殖造成危害,被渔民俗称"鱼老虎"。同时也是成鱼、蛙、蟹类等的天然饵料。

7.2.8.1　蜓科（Aeshnidae）

　　本科稚虫体中至大型,身体修长。复眼发达。触角 7 节,刚毛状。下唇前颏扁平,长条形,无前颏背鬃及下唇须叶鬃;前颏前缘具中裂;动钩发达;足跗节 3 节。

多棘蜓属（*Polycanthagyna*）

　　形态特征:稚虫体大型,无明显的色斑,体色通常以单一的黑褐色或浅褐色为主;下唇前颏在基方 1/2 处以上加阔。前颏前缘仅稍微突起,并具 1 列整齐的短鬃,中裂的深度比突起的高度稍深;下唇须叶矩形,稍微向内弯曲,端钩甚阔,其前缘平直,内缘具细齿,其末端具一明显的短角状突起,只向内侧;第 6～9 节具侧刺。肛上板几乎与肛侧板等长,末端呈"W"形凹陷,但凹入较浅。

　　习性:小溪边缘有林荫的小型静水潭及废弃的人工水池。

　　采集地:向阳涧。

7.2.8.2 春蜓科(Gomphidae)

本科稚虫体态变化较大,小型至大型。头部近三角形;复眼小;触角4节,第3节膨大,第4节微小;下唇前颏近方形,扁平,无前颏背鬃及下唇须叶鬃。

扩腹春蜓属(*Stylurus*)

形态特征:稚虫复眼后叶呈圆弧形。下唇宽阔而光滑;前颏前缘未向前突起,较平直,具细缘齿和浓密的鬃;下唇须叶内缘具细缘齿,端钩发达,钩状,弯曲显著,动钩锋利。触角4节,边缘具浓密的长鬃,第3节长棒状;第4节短小,半圆形。翅芽平行。足挖掘型。腹部锥形,细长。

习性:本属的种类主要栖息于中型至大型河流。稚虫栖息于河边的泥沙中。

采集地:旧县、前留桥。

新叶春蜓属(*Sinictinogomphus*)

形态特征:腹部卵圆形,腹部第7节侧刺极为发达;成虫腹部末端膨胀成半圆形片状结构,且体型较大,容易与其他春蜓种类区分,本种的种群数量较大,是我国最常见的春蜓种类。

习性:在各类池塘、湿地和水库极为常见。

采集地:雅浦港、竺山湖心、旧县。

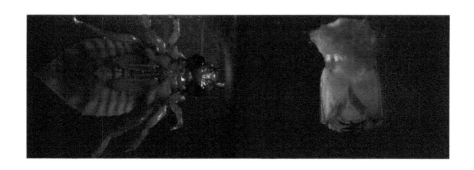

7.2.8.3　蜻科(Libellulidae)

本科稚虫体小而扁平。头近五边形。前额微弱突出。复眼向前侧方突出。下唇前颏前缘突出呈三角形。下唇须叶近三角形,前缘锯齿状。胫节端部具突起。腹部扁平,纺锤形。第8~9腹节常具侧刺。肛锥短小。

采集地:二圣水库、茅东水库、魏村。

赤蜻属(*Sympetrum*)

形态特征:体小型,浅褐色。触角7节,细长,丝状。下唇前颏基半部狭窄,端半部加宽;前颏前缘向前突出呈三角形。

习性:稚虫在低山地、河流湿地水生植物繁茂的水环境中栖息。中污染偏轻的水体中多见。

采集地:茅山西。

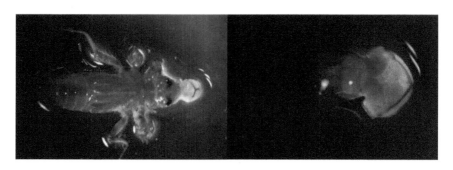

黄翅蜻属(*Brachythemis*)

形态特征:体中型,头宽明显小于腹宽,腹部较扁平;头部近似梯形,具甚细的黑色瘤状突起,仅后缘具稀疏的刚毛状鬃。上唇黑褐色,前缘具甚细的刚毛状鬃。前唇基黄色,具一对椭圆形褐色斑点,后唇基黄色,中央具一褐色斑点。前颏背鬃3根。下唇须叶甚阔,表面具甚小的黑色圆形斑点,其内缘具9个不发达的齿,齿上具2至3根较短的刺状鬃。胸部前胸背板近似菱形,中央具2条纵向黑色条纹,其后缘隆起。合胸侧面具黑褐色斑点以及甚细的褐色瘤状突起。足较长,腿节和胫节具极为稀疏的刚毛状鬃和褐色环条纹。翅芽平行,后翅芽伸达第5腹节末端。腹部甚阔,椭圆形,具黑白相间的斑点。第8和9节具不发达的侧刺;第4至9节具不发达的背钩。

采集地:旧县。

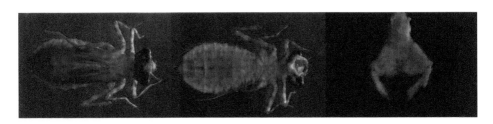

7.2.8.4　伪蜻科(Corduliidae)

本科稚虫体似蜘蛛,足甚长,多超出腹部末端;复眼常呈瘤状隆起,下唇面罩式,甚阔,前颏背鬃和下唇须叶猴较多;下唇须叶内缘呈齿状,通常齿的末端圆弧形;触角刚毛状,7节;腹部椭圆形或圆形,具发达的背钩,侧刺有时发达。

金光伪蜻属(*Somatochlora*)

形态特征:前颏中线每侧上的鬃连续排列;第9腹节的侧刺不达肛侧板的中央。

习性:稚虫喜流水环境,捕食小型水生动物和小型鱼类。清洁水体中多见。

采集地:恐龙园桥。

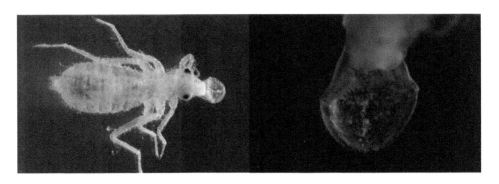

7.2.8.5 大蜻科(Macromiidae)

本科稚虫体扁平。后头侧缘后方具一角状突起。复眼小,向前侧方突出。足细,跗节式为 3-3-3。腹部平坦,卵圆形至椭圆形。

丽大蜻属(*Epophthalmia*)

形态特征:本属稚虫体浅褐色至黄褐色。体表具散乱分布的细刚毛,头近矩形,复眼向前侧方突出呈球状。后头侧缘后方具一角状突起。下唇前颏近三角形;前颏前缘向前突出呈双圆弧状。下唇须叶分化为发达的弯钩状齿。翅芽伸达至第5~6腹节。腹部平坦,卵圆形至椭圆形。第3~9腹节具背钩,第8~9腹节具侧刺。

习性:稚虫喜欢生活在水草密集的地方,河流及水库的沿岸带较常见。成蜻是捕食蚊、蝇类的有益昆虫。稚虫肉食性,也是鱼类等大型脊椎动物的天然饵料。清洁水体中多见。

采集地:大溪水库、为民桥。

7.2.8.6 色蟌科(Calopterygidae)

本科稚虫前额突出,头部呈近五边形。复眼小,后头小。触角第1节三角柱状。下唇前颏基半部狭窄,端半部宽阔;前颏前缘向前强烈突出呈三角形;中央缺刻近菱形,伸达近前颏前缘 2/5 处,缺刻内缘具 1 或 2 根刺状刚毛。下唇须叶基部近动钩基部具 2 或 3 根刺状刚毛;须叶端部分化为 3 个尖锐的齿;动钩细长,尖锐。前胸背板具 1 或 2 对瘤状突起。

采集地:茅山西。

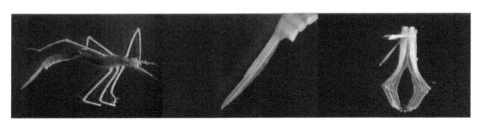

7.2.8.7 蟌科(Coenagrionidae)

本科稚虫通常体小型,短。头部大而扁平。后头小,侧缘具微刺状刚毛。复眼小,向侧缘突出。前缘向前突出呈三角形,锯齿状;前颏背鬃1根。下唇须叶端部分为2叶,外叶末端平截,具微弱锯齿,内叶端部钩状;下唇须叶鬃7/7;动钩粗壮。各腹节侧缘及后缘具刺状刚毛。尾鳃短,叶片状,基半部宽厚,端半部膜质;中央分节;气管分支多。

采集地:太浦涧、新塘港。

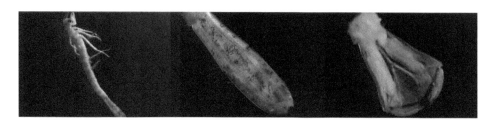

狭翅蟌属(*Aciagrion*)

形态特征:体黄褐色至浅褐色,腹部具不明显的褐色条纹。头部小而扁平。触角7节,基部呈瘤状突出,前颏前缘向前突出呈三角形。

习性:稚虫在山地湖沼、河流等水体中栖息。中污染偏轻的水体中多见。

采集地:旧县。

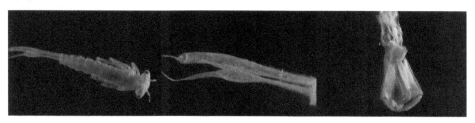

7.2.8.8 丝蟌科(Lestidae)

形态特征:本科稚虫头近菱形,横向拉长。后头小。触角7节,第3节最长;下唇前颏细长,羽片气管鳃多羽状分支。

采集地:旧县、东西山铁塔、钱资荡。

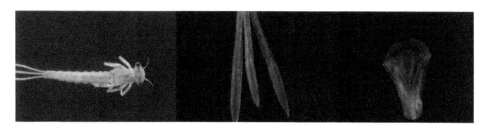

7.2.9　双翅目（Diptera）

双翅目昆虫小或大型，为完全变态。幼虫一般为无足的蛆型，头部明显外露的蚊类为全头型。虻类头部为半缩半露，为半头型。蝇类头部很不明显，为无头型。蝇类的蛹外面包着一层没有脱去的幼虫皮，称为围蛹。蚊类的蛹能在水中游泳，为动蛹或裸蛹。卵圆形或椭圆形。

7.2.9.1　大蚊科（Tipulidae）

形态特征：本科幼虫头部缩在前胸内，头部后面的部分不骨化或局部骨化；触角长，常为1节；额与唇基愈合；上唇和额的前缘具毛；体常呈圆柱形，较柔软，每一体节具1个或数个横褶。腹末有由6条辐射的叶状突起构成的呼吸盘。

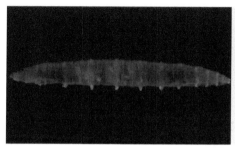 

习性：幼虫在清洁水体中栖息。

采集地：魏村、横涧、墓东水库。

7.2.9.2　幽蚊科（Chaoboridae）

形态特征：幼虫细长，体透明，触角向下折，末端具4～5条捕捉刚毛，上唇长刚毛状；在胸部及第七或六、七腹节有2～3对气囊。第八腹节无呼吸管，平衡器为新月形。

习性：可在无游离氧的深水中生活，在污染较重的水体中多见。

采集地：观山桥。

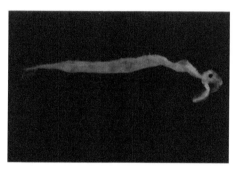

7.2.9.3 蠓科(Ceratopogonidae)

形态特征:本科幼虫腹部末端末节具成圈的刚毛。无骨化短突起;前胸气门明显位于背面。幼虫体长6 mm,丝状,灰白色,中胸、后胸及腹部各节具红褐色斑纹。头黄色,眼点大、小各2个。触角退化。胸部、腹部各节圆筒形。胸部各节前部具6根轮生刚毛,腹部各节背面、腹面各具2根长刚毛。尾端具4根短刚毛。

习性:栖息在植物残枝和腐殖质堆积处,或在丝状藻堆积的表面较多。

采集地:大溪水库、墓东水库、天目湖、旧县。

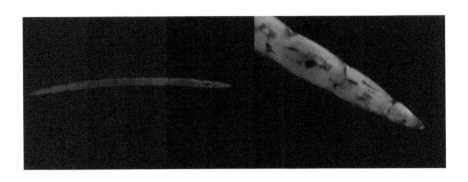

7.2.9.4 水虻科(Stratiomyidae)

形态特征:本科幼虫头部位置固定,不能缩入前胸内;体略横扁,表皮坚硬,表面粗糙;体节12节。水生的种类在一个或较多体节的腹面具成对的钩,在腹部末端最后的长形尾节上有1圈长而分支的毛。

习性:幼虫在河流有机质丰富的水体中栖息。污染的水体中多见。

采集地:湖山桥。

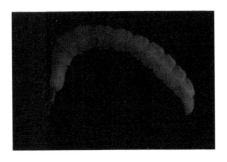

7.2.9.5 摇蚊科(Chironomidae)

摇蚊幼虫整体为蠕虫状,成熟幼虫体长2~60 mm,大部分幼虫体长10 mm左右。

体分头、胸、腹三部分。头部黄色、褐色、黑色等。胸部 3 节,腹部 10 节,体节由 13 节组成。

摇蚊亚科(Chironominae)

长跗摇蚊属(*Tanytarsus*)

形态特征:中至大型幼虫,体长达 9 mm。头部背面唇基刚毛简单或羽状。触角 5 节,触角托有或无刺突,触角着生在触角托上,托高常大于宽。劳氏器发达,上唇 SⅠ 刚毛梳状,SⅡ 刚毛简单或羽状,位于高托之上,SⅢ 刚毛细毛状。上颚背齿黄色或黄褐色,有些种具 2 个背齿和 1 或 2 个其他齿。颏中齿圆形,侧缘具缺刻或无,中间常比侧区色淡,侧齿 5 对。腹颏板长方形,其上的影线多为平行线。

习性:本属幼虫分布于各种类型的水体中,有几种为海洋种类。幼虫具有广泛的适应性。

采集地:大溪水库、东太湖、北干河口。

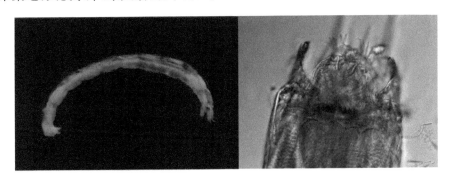

摇蚊属(*Chironomus*)

形态特征:中至大型幼虫,体长达 7～60 mm,浅红色至深红色。两对眼点分离。触角 5 节,环器位于第 1 节近中部,触角叶不超过触角末节;上唇 SⅠ 刚毛羽状或梳状,SⅡ 刚毛简单,SⅢ 刚毛细短,SⅣ 和上唇片发育正常。内唇栉由 15～30 个约等长的齿组成。上颚背齿色淡、端齿黑色,内齿 3 个。颏中齿三分叶,侧齿 6 对。腹颏板扇形,中部分离的距离为颏宽的 1/3～1/4,有时比颏宽。通常具 2 对腹管,或长或短或呈螺旋形卷曲。

习性:本属幼虫喜爱软淤泥底质,分布于各种静水水体和流水中。数种幼虫生活于低溶解氧的腐殖质丰富的黑色淤泥中,在富营养化水域中常有众多的数量。

采集地：芙蓉村、墓东水库、钱资荡。

墨黑摇蚊（*Chironomus anthracinus*）

形态特征：腹部第 7 节无侧腹管，腹部第 8 节的 2 对腹管等长，腹部第 8 节的 2 对腹管与着生体节的宽度约相等。内唇栉 15 个齿。幼虫红色，体长 12 mm。

采集地：芙蓉村、墓东水库。

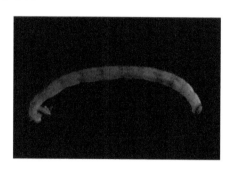

溪流摇蚊（*Chironomus riparius*）

形态特征：腹部第 7 节无侧腹管，腹部第 8 节的 2 对腹管等长，腹部第 8 节的 2 对腹管长约为其着生体节宽的 2 倍。内唇栉 13～15 个齿。幼虫红色，体长 10 mm。

采集地：钱资荡。

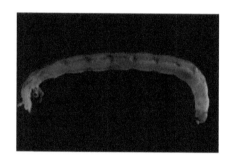

苍白摇蚊（*Chironomus pallidivittatus*）

形态特征：腹部第 7 节有侧腹管，上颚背齿 2 个。上唇 SI 刚毛羽状或梳状，内唇栉具 15 个齿。颏齿尖，腹颊板明显弯曲。幼虫红色，体长 12 mm。

采集地：长荡湖、观山桥。

黄色羽摇蚊（*Chironomus flaviplumus*）

形态特征:腹部第 7 节有侧腹管,上颚背齿 1 个。内唇栉具 16 个齿,颏齿相对圆钝,幼虫体长 18～28 mm,红色。

采集地:大溪水库、长荡湖、观山桥。

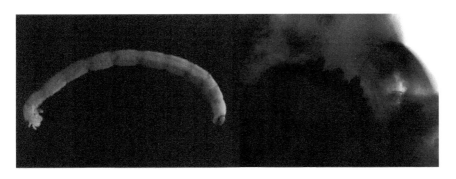

枝角摇蚊属（*Cladopelma*）

形态特征:中型幼虫,体长达 7 mm。触角 5 节,第 1 节比鞭节长,环器位于第 1 节基部 1/4 处,触角叶发达;唇 S I 刚毛尖叶状,S II 为 S I 刚毛长的 2 倍,S III 刚毛单毛状;上颚无背齿,具 1 端齿和 2 个扁平的内齿;颏中齿通常为 2 个,或中间具凹刻,有时为宽圆形。侧齿 7 对;腹颏板约为颊宽的 3/4,基半部的腹颏板影线明显,端半部消失。无侧腹管和腹管。

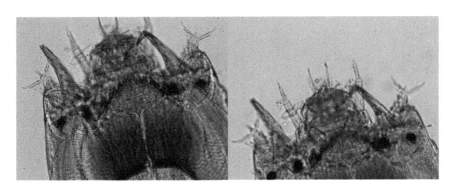

习性:本属幼虫生活在沙质和软泥底的湖泊或河流中。

采集地:横涧、天目湖。

隐摇蚊属（*Cryptochironomus*）

形态特征:中至大型幼虫,体长达 15 mm。触角 5 节,第 1 节与鞭节约等长或比鞭节长,端半部具环器。上唇 S I 刚毛短,S II 刚毛长、尖叶状,S III 刚毛单毛状,S IV 刚毛细长、分 3 节。上颚无背齿,具 1 长的端齿和 2 个三角形内齿。颏中齿宽、色淡。侧齿 6～7 对,向中部倾斜。腹颏板明显比颏宽,侧端尖锥形,腹颏板影线细。无侧腹管和腹管。

习性:本属幼虫生活在湖泊、小溪和河流的各种底质中。

采集地:大溪水库、胥湖南、椒山。

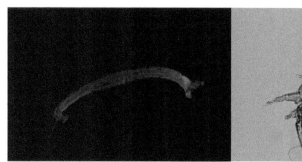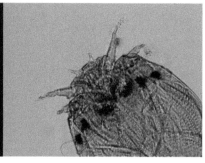

二叉摇蚊属(*Dicrotendipes*)

形态特征:中型幼虫,体长 8~11 mm,淡红至棕红色。眼点 2~3 对。触角 5 节,第 1 节基部近 1/3 处具 1 环器。第 4 节长为宽的 4~6 倍。上唇 S I 刚毛掌状或羽状,S II 刚毛简单,S III 刚毛短毛状,S IV 刚毛正常。上颚具 1 淡色背齿,基部有时具 1~2 个小的副齿。端齿 1 个,内齿 3 个。颏中齿两侧具缺刻,侧齿 6 对,第 1 侧齿倾斜并与第 2 侧齿基部融合,第 6 侧齿有时向外缘扩展成 1 宽突。腹颏板窄、弯曲,中部距离至少是颏宽的 1/3,具完整的腹颏板影线。腹部无侧腹管,无或有 1 对短的腹管。

习性:本属幼虫生活在静止水体和流水的沉积物中。

采集地:黄埝桥、潘家坝、航管站。

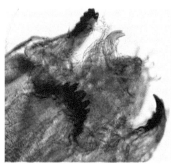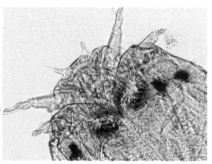

恩非摇蚊属(*Einfeldia*)

形态特征:中型幼虫,体长 10~13 mm,红色。眼点 2 对,触角 5 节,第 1 节基部近 1/2 处具环器,有些种类环器显著大。上唇 S I 刚毛羽状,S II 刚毛简单,S III 和 S IV 刚毛正常。内唇栉端部具 1 列齿或表面附加的无规律排列的齿。上颚具 1 淡色背齿,内面具附加的齿。颏中齿两侧具缺刻或无。侧齿 6 对,第 1 和第 2 侧齿部分基部融合,第 4 侧齿有时比邻齿低。腹颏板约与颏等宽,中间分开的距离仅为颏中齿的宽。腹部无或仅有 1 对腹管。

习性:本属幼虫分布于湖泊及各种小水体的边缘地区,倾向于富营养化水体。

采集地:墓东水库、东潘桥、大溪水库。

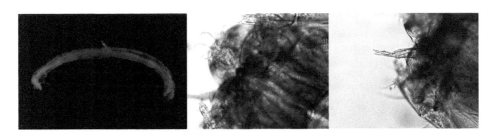

内摇蚊属(*Endochironomus*)

形态特征:中型幼虫,体长 11～17 mm,橘红色或黑红色。眼点 2 对,触角 5 节,第 1 节基部近 1/5 处具环器。上唇 SⅠ 刚毛梳状,SⅡ 刚毛长羽状,SⅢ 短毛状,SⅣ 刚毛正常。上颚背齿不明显,但内面亚端部具 1 齿。端齿 1 个,内齿 3～4 个。颏具 3～4 个中齿,中间的齿比两侧的低。侧齿 6 对,第 1 侧齿与第 2 侧齿等高或比第 2 侧齿低。腹颏板的内端向前伸长,相对窄和弯曲,腹部无腹管。

习性:本属幼虫生活于周丛生物中,有的穴居水生植物叶或茎内,有的种类能适应稍咸的水体。

采集地:大溪水库。

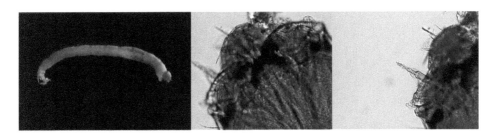

雕翅摇蚊属(*Glyptotendipes*)

形态特征:中至大型幼虫,体长 8～10 mm,红色或黑红色。眼点 2 对,触角 5 节,第 3 节长至少是宽的 3 倍,某些种第 3 节仅稍长于宽,基部近 1/3 处具环器。上唇 SⅠ 刚毛羽状、齿状或掌状,SⅡ 刚毛简单。上颚背齿色淡,具端齿和 3 个内齿,有时仅有 2 个内齿。颏中齿简单,两侧具缺刻或无。侧齿 6 对,第 4 侧齿有时比 2 个邻齿小。腹颏板中间分开的距离约为颏中齿宽的 5 倍或近乎相连,腹部无侧腹管。有些种具 1 对短的或中等长度的腹管。

习性:本属幼虫生活于湖泊、池塘及各种小型水体和流水富含碎屑的沿岸地带。

采集地:钱资荡、旧县、天目湖、墓东水库。

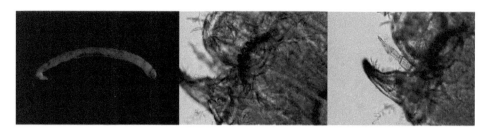

哈摇蚊属(*Harnischia*)

形态特征:中型幼虫,体长 9 mm。触角 5 节,第 1 节比鞭节长,第 2 和第 3 节约等长,近端部 1/2 处具环器。上唇 SⅠ 和 SⅡ 刚毛小毛状,SⅢ 刚毛长叶状,SⅣ A 细长,分 3 节。上颚无背齿,端齿约与 1 或 2 个拉平的内齿等长。颏中齿圆、色淡,有时中间具一凹刻,侧齿 7 对。腹颏板长约为宽的 3/4,腹颏板影线弱。腹部无侧腹管和腹管。

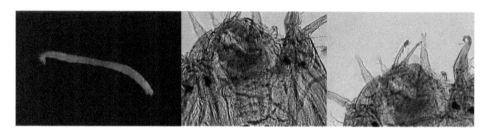

习性:本属幼虫生活于湖泊和河流的各种基质上。

采集地:泽山、黄埝桥、大溪水库、胥湖南。

小摇蚊属(*Microchironomus*)

形态特征:中型幼虫,体长达 8 mm。触角 5 节,第 1 节和鞭节约等长,近 1/2 处具 1 环器。上唇 SⅠ 和 SⅡ 刚毛叶状,长度相等,SⅡ 稍长,SⅢ 刚毛小毛状,SⅣ A 分 2 节。上颚具或无背齿,端齿与 2 个扁平的或三角形的内齿长度约相等。颏中齿 3 分叶,侧齿 6 对、褐色。第 4 对侧齿很小。第 5、第 6 对侧齿向颏中部倾斜。腹颏板比颏窄,腹颏板影线后缘明显。腹部无侧腹管和腹管。

习性:本属幼虫生活在湖泊或河流中,包括半咸的水体中。

采集地:泽山、芙蓉村、大溪水库、滆湖。

多巴小摇蚊(*Microchironomus tabarui*)

形态特征:头壳黄棕色,颏板、上颚及头缘深棕色;后颏板明显更黑。上颚具 2 内齿;颏板具 1 中齿和 6 对侧齿,逐渐变短;腹颏板中部顶尖端,外边缘锯齿状。

习性:本属幼虫生活在静水中,中度富营养水体。

采集地:长荡湖、滆湖北、北干河口。

软铗小摇蚊（*Microchironomus tener*）

形态特征：头壳灰黄色，颏板、上颚深棕色，后头缘灰色；上颚 2 内齿平截，总宽度大约于顶齿的长度相等或短于顶齿长度；颏板具 1 中齿和 6 对侧齿，中齿三分叉；腹颏板外边缘具弱的锯齿。

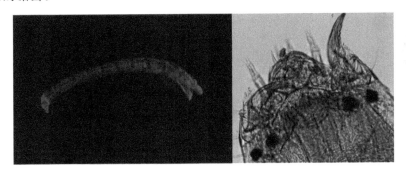

习性：本属幼虫生活在富营养水体中。

采集地：金墅港、滆湖、东西山铁塔。

弯铗摇蚊属（*Cryptotendipes*）

形态特征：中型幼虫，体长达 6 mm。触角 5 节，第 1 节稍长于鞭节，环器位于基部近 1/3 处，上唇 S I 和 S II 刚毛宽叶状，但 S II 刚毛约为 S I 刚毛长的 2 倍，SIII 刚毛单毛状，SIV 刚毛小、分 2 节。上颚无背齿，具 1 端齿和 2 个扁平的内齿。颏中齿圆且宽、侧面具凹刻或三分叶，侧齿 6 对，外侧的 2 个齿紧靠在一起并向中部倾斜，第 2 侧齿紧靠第 1 侧

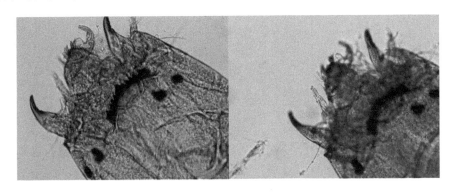

齿。腹颏板约与颏等宽,腹颏板影线明显。后原足爪简单,无腹管。弯铗摇蚊属与小摇蚊属某些种类颏板较为相似,主要区别在于外侧第三齿明显小于两侧。

习性:本属幼虫生活在沙质和泥质的湖泊和河流中。

采集地:竺山湖南、长荡湖、椒山。

拟摇蚊属(*Parachironomus*)

形态特征:中至大型幼虫,体长达 12 mm;触角 5 节,第 1 节比鞭节长,近 1/2 处具 1 环器。上唇 SⅠ 和 SⅡ 刚毛长叶状,SⅡ 约为 SⅠ 刚毛长的 2 倍。有时 SⅠ 刚毛具 3～5 个齿,SⅢ 刚毛小,呈毛状,SⅣ 刚毛很小,分 2 节。上颚无背齿,端齿长,内齿 2 个。颏中齿单一或中间具缺刻,宽为第 1 侧齿的 1.5～2.5 倍。侧齿 6～7 对,腹颏板稍比颏宽,前缘通常具强壮的钝突。腹部无腹管。

习性:本属幼虫多活在静水和各种流水中,有的种类寄生于无脊椎动物身上或穴居水生植物茎叶内。

采集地:钱资荡。

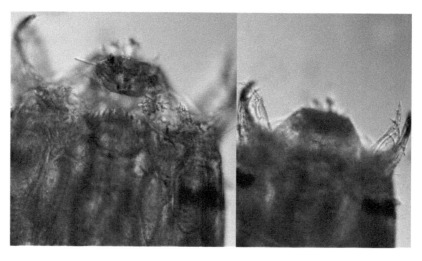

拟枝角摇蚊属(*Paracladopelma*)

形态特征:中型幼虫,体长达 10 mm。触角 5 节,第 3 至第 5 节短,环器位于第 1 节基部近 1/3 处。上唇 SⅠ 和 SⅢ 刚毛小,呈毛状,SⅡ 刚毛长叶状,侧面具 1～2 个长叶状棘毛,SⅣ A 刚毛分 3 节,长度不等。上颚无背齿,端齿长,内齿 2～3 个。颏中齿宽,有时中间具凹刻,通常具 7 对侧齿,例外的仅具 3 对。腹颏板约与颏等宽或窄,腹颏板影线粗,前缘具粗大的钝突。腹部无腹管。

习性:本属幼虫生活在湖泊或河流软沉积物底质中。

采集地:茅山西、观山桥、旧县。

多足摇蚊属（*Polypedilum*）

　　形态特征：幼虫体长 5～14 mm，淡橘红色至深红色。具 2 对分离的眼点，头部背面的额前缘增宽形成侧突，上唇 SⅠ 刚毛宽羽状，SⅡ 刚毛细羽状，SⅢ、SⅣ 刚毛和上唇片正常。内唇栉由 3 个分离的锯齿形鳞组成，上颚背齿显著，黑色。有些种无背齿，端齿下面有 2 个内齿，很少有 3 个内齿。颏齿黑色，正常类型具 4 个中齿和 6 对侧齿，中齿中间的 1 对高，两边的 1 对低。腹颏板中间的距离宽，至少是颏宽的 2 倍，腹颏板影线完整。腹部无侧腹管及腹管。

　　习性：本属幼虫种类多，分布广，除北极及高山地区外，各种流水及静水水域皆有分布。

　　采集地：钱资荡、茅东水库、凌塘水库。

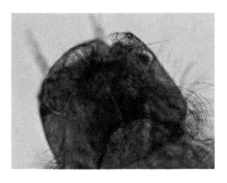

梯形多足摇蚊（*Polypedilum scalaenum*）

　　形态特征：触角叶超过触角末节，第 3 节和第 5 节特别短。颏板具 16 个齿。第 2 侧齿稍高于中齿。尾刚毛台具 7 根刚毛。

采集地:大溪水库、黄埝桥、东西山铁塔、椒山。

膨大多足摇蚊(*Polypedilum convictum*)

形态特征:颏板平齿型,腹颏板后叶发达,影线纹35～37条;上颚具4齿,背齿小于端齿,齿着色深,颏板具16个齿,中央3对中齿约等宽,第4～7齿小,约等大,最后1对侧齿很小,矮于其他齿。

采集地:东太湖、洑溪涧、东潘桥。

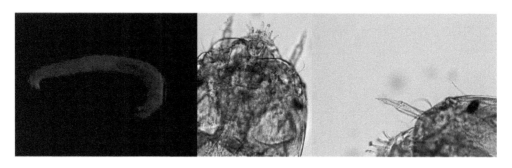

耐垢多足摇蚊(*Polypedilum sordens*)

形态特征:腹颏板狭长,宽大约是间距的4倍,后端圆形;第1侧齿稍比邻齿低;上颚具4齿,背齿缺失;等齿型,第一侧齿略小于中齿和第二侧齿。

采集地:大溪水库、黄埝桥、东西山铁塔。

齿斑摇蚊属(*Stictochironomus*)

形态特征:中型幼虫,体长达14 mm,红色。2对眼点分离,头部背面额前缘向前凸。触角6节,有时第2节和第3节很短。上唇SI和SII刚毛羽状,SIII和SIV刚毛及上唇片正常。上颚宽、基部膨大。上颚齿黑色,背齿长,具端齿和2～3个内齿。颏齿黑褐色,具4个抬高的中齿,中间的1对中齿小。侧齿6对,第1和第4侧齿小。腹颏板中间距离约为颏宽的1/3,腹颏板长约为颏宽的2倍。腹颏板影线显著。无侧腹管和腹管。

习性:本属幼虫生活于深水的软沉积物底质中,在寡营养湖、中营养湖和缓流河川的沙底中都有分布。

采集地:塘马水库、落蓬湾、观山桥。

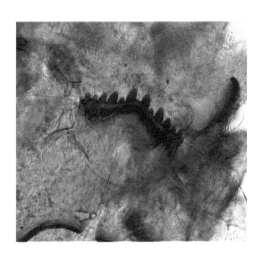

长足摇蚊亚科（Tanypodinae）

菱跗摇蚊属（*Clinotanypus*）

形态特征：头壳向前渐窄，头壳指数 0.65～0.70；头前缘的上唇感觉器官清晰可见；背刻齿不位于明显的板上，在两侧由 5～15 个双列的小齿组成；上颚钩状，具大的尖形基齿；触角长度至少为上颚长的 4 倍，触角比大于 10。肛管位于腹部末端，两尾刚毛台之间有一小的尖形乳突。

习性：幼虫喜好各种类型的温水水体，常分布于湖泊、池塘及缓流河浅水底部的碎屑中。

采集地：大溪水库、浦庄、天目湖。

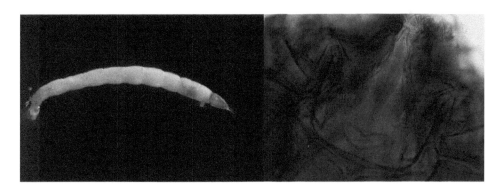

沟粗腹摇蚊属（*Trissopelopia*）

形态特征：头黄褐色，长椭圆形，头壳指数 0.6。下颚须的环器位于基节中部 1/3 处；上颚弯曲不明显，末端 1/2 弯曲明显；伪齿舌的细小颗粒呈平行纵向排列；触角第 1 节的环器位于近基部至中部。

习性：幼虫喜冷水环境。生活在河流和湖泊的沿岸地区。

采集地：大溪水库。

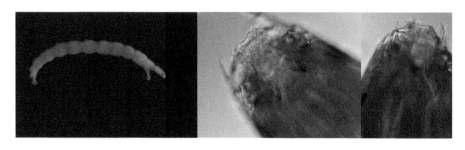

长足摇蚊属（*Tanypus*）

绒铗长足摇蚊（*Tanypus villipennis*）

形态特征:头壳指数约1.0;上颚基部1/2膨大,端齿长度约为上颚长的0.2倍;颏附器无伪齿舌,舌栉毛极度退化。背颏6对齿。唇舌长为宽的2倍。侧唇舌外缘具9根直刺。上颚基部宽为端齿长的2倍。尾刚毛台长为宽的4倍。

习性:幼虫生活在湖泊、池塘和流水的软沉积物底质中。温带地区种类和数量较多。

采集地:大溪水库、长荡湖、百渎口。

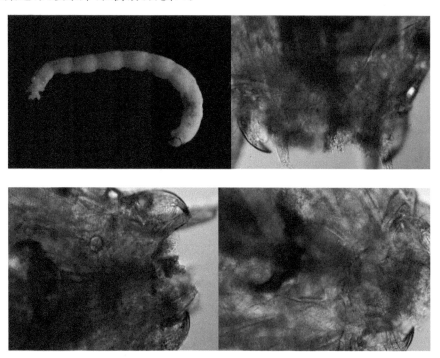

刺铗长足摇蚊（*Tanypus punctipenis*）

形态特征:头壳指数约1.0;上颚基部1/2膨大,端齿长度约为上颚长的0.2倍;颏附器无伪齿舌,舌栉毛极度退化。背颏8对齿。唇舌长为宽的2.4倍。侧唇舌外缘具12根细长的直刺。上颚基部宽为端齿长的2.2倍。尾刚毛台长约为宽的5倍。

习性:幼虫生活在湖泊、池塘和流水的软沉积物底质中。温带地区种类和数量较多。

采集地：东太湖、西石桥。

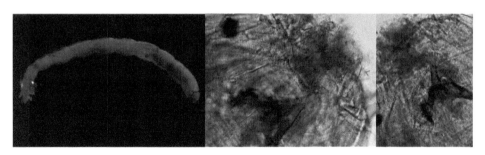

前突摇蚊属（*Procladius*）

形态特征：头椭圆形，头壳指数 0.8～0.85。触角约与上颚等长，上颚细长、逐渐弯曲；背颚具 6～11 对亮褐色齿，外侧齿小。颏附器三角形，两侧的上唇泡下垂。伪齿舌明显，颗粒分布均匀；唇舌 5 个齿，长约为宽的 2～5 倍；侧唇舌至少是唇舌长的 1/2，内缘具少数齿或无齿，外缘齿多达 10 个。

习性：本属幼虫在世界上广泛分布，幼虫生活在静水或缓流水体底部的淤泥中。

采集地：黄埝桥、天宁大桥、大溪水库、东西山铁塔。

直突摇蚊亚科（Orthocladiinae）

红裸须摇蚊（*Propsilocerus akamusi*）

形态特征：触角 4 节，各节依次缩小。环器位于第 1 节基部 1/4 处。触角叶末端达

第3节。上颚端齿比4个内齿的宽度长或等长。齿下毛端部尖;颏中齿宽,前缘不规则;颏侧齿10对。腹颏板细长,极度发达,端半部向上膨出。

习性:本属幼虫主要生活在湖泊及其他静水和海滨地区的半咸水中。

采集地:观山桥、大溪水库、东太湖、五里湖。

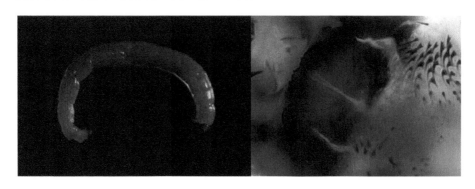

环足摇蚊属(*Cricotopus*)

形态特征:幼虫中等大小,触角4节或5节,各节依次缩小或第3节第4节等长。个别种类的触角很短。上唇SⅠ刚毛两分叉,很少是单毛;颏具1个中齿和6对(很少是5或7对)侧齿。腹颏板窄,无鬃;尾刚毛台长宽约相等,上具6~7根尾毛。腹节具1对束状刚毛,有时仅为简单的刚毛。

习性:本属幼虫生活在各种类型的淡水中,以及咸水湖和近海地区。有的幼虫与高等植物伴生,有的生活在藻丛中。

采集地:西石桥、钱资荡、东太湖、观山桥。

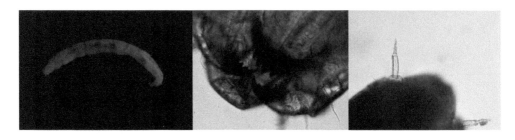

矮突摇蚊属(*Nanocladius*)

形态特征:小型幼虫,触角5节,各节依次缩小,第5节毛发状或退化,触角比0~2.3;上颚端齿比3个内齿的宽度长;颏中齿宽,双乳突状。侧齿3、5或6对,第1和第2侧齿基部融合。有时侧齿很不清楚或微小。腹颏板长,尾端圆或边缘直。原足发达。尾刚毛台发达,上具3~6根尾毛,基部骨质化,具2~3个小刺或突起。

习性:本属幼虫生活在湖泊和池塘,特别在河流的中、上游地区栖息。

采集地:元荡、钱资荡。

参考文献

［1］RYAN S K, CURTIS J R. Evaluating subsampling approaches and macroinvertebrate taxonomic resolution for wetland bioassessment[J]. Journal of the North American Benthological Society, 2002, 21(1):150-171.

［2］Barbour M T, Gerritsen J, Snyder B D, et al. Rapid bioassessment protocols for use in wadeable streams and rivers: periphyton, benthic macroinvertebrates, and fish[M]. 2nd ed. Washington, DC: U. S. Environmental Protection Agency, 1999.

［3］EPD, GA. Macroinvertebrate biological assessment of wadeable streams in Georgia, standard operating procedures[S]. 2007.

［4］United States Environmental Protection Agency Office of Water. National rivers and streams assessment 2018/19: field operations manualnon-wadeable[S]. EPA-841-B-17-003b. U. S. Environmental Protection Agency, 2017.

［5］United States Environmental Protection Agency Office of Water. National rivers and streams assessment 2018/19: field operations manual wadeable[S]. EPA-841-B-17-003a. U. S. Environmental Protection Agency, 2017.

［6］United States Environmental Protection Agency Office of Water. National rivers and streams assessment 2018-19: laboratory operations manual[S]. EPA-841-B-17-004. U. S. Environmental Protection Agency, 2017.

［7］United States Environmental Protection Agency Office of Water. National rivers and streams assessment 2018/19: quality assurance project plan[S]. EPA-841-B-17-001. U. S. Environmental Protection Agency, 2017.

［8］United States Environmental Protection Agency Office of Water. 2012 national lakes assessment: field operations manual[S]. EPA 841-B-11-003. U. S. Environmental Protection Agency, 2012.

［9］United States Environmental Protection Agency Office of Water. 2012 national lakes assessment: laboratory operations manual[S]. EPA841 - B - 11 - 004. U. S. Environmental Protection Agency, 2012.

［10］United States Environmental Protection Agency Office of Water. 2012 national lakes assessment: quality assurance project plan[S]. EPA 841-B-11-006. U. S. Environmental Protection Agency, 2012.

［11］Water quality—guidelines for the selection of sampling methods and devices for benthic macroinvertebrates in fresh waters: ISO 10870: 2012[S].

［12］ European Commission. Common implementation strategy for the water framework directive (2000/60/EC)，guidance document No. 7：monitoring under the water framework directive ［S］. 2003.

［13］ MANDAVILLE S M. Benthic macroinvertebrates in freshwaters：Taxa tolerance values，metrics，and protocols［J］. Soil & Water Conservation Society of Metro Halifax，2002.

［14］ MCDERMOTT H，PAULL T，STRACHAN S. Canadian Aquatic Biomonitoring Network laboratory methods：processing，taxonomy，and quality control of benthic macroinvertebrate samples ［S］. En84-86/2012E-PDF. Science and Technology Branch of Environment Canada，2012.

［15］ MAXTED J R，STARK J D. A user guide for the Macroinvertebrate Community Index［J］. Prepared for the Ministry for the Environment，2007.

［16］ STARK J D，BOOTHROYD I K G，HARDING J S，et al. Protocols for sampling macroinvertebrates inwadeable streams［S］. New Zealand Macroinvertebrate Working Group Report No. 1. Prepared for the Ministry for the Environment. Sustainable Management Fund Project No. 5103. 57p.，2001.

［17］ MORSE J C，YANG L，TIAN L. Aquatic insects of China useful for monitoring water quality ［M］. Hohai University Press，1994.

［18］ EPLER J H. Identification manual for the larval Chironomidae（Diptera）of North and South Carolina［J］. Febs Letters，1977，81(2)：427-430.

［19］ PENNAK R W. Fresh-water invertebrates of the United States［M］. Hydrobiologia，7，126-126.

［20］ GILCREAS F W. Standard methods for the examination of water and waste water 22nd［M］. American Public Health Association，2012.

［21］ 全国水产标准化技术委员会. 渔业生态环境监测规范 第3部分：淡水：SC/T 9102.3—2007［S］. 北京：中国农业出版社，2007.

［22］ 长江流域水环境监测中心. 水环境监测规范：SL 219—2013［S］. 北京：中国水利水电出版社，2013.

［23］ SL 167—96. 水库渔业资源调查规范［S］. 北京：中国水利水电出版社，1996.

［24］ 环境保护部科技标准司. 生物多样性观测技术导则 淡水底栖大型无脊椎动物：HJ 710.8—2014［S］. 北京：中国环境科学出版社，2015.

［25］ 国家环境保护总局，水和废水监测分析方法编委会. 水和废水监测分析方法（第四版）［M］. 北京：中国环境科学出版社，2002.

［26］ 大连水产学院. 淡水生物学［M］. 北京：农业出版社，1982.

［27］ 杨潼. 中国动物志 无脊椎动物 第五卷 蛭纲［M］. 北京：科学出版社，1996.

［28］ 梁象秋. 中国动物志 无脊椎动物 第三十六卷 甲壳动物亚门十足目匙指虾科［M］. 北京：科学出版社，2004.

［29］ 任先秋. 中国动物志 无脊椎动物 第四十一卷 甲壳动物亚门端足目钩虾亚目（一）［M］. 北京：科学出版社，2006.

［30］侯仲娥. 中国淡水钩虾的系统学研究［D］. 北京：中国科学院动物研究所，2002.

［31］刘月英，张文珍，王跃先，等. 中国经济动物志淡水软体动物［M］. 北京：科学出版社，1979.

［32］蔡如星，黄惟灏，刘月英，等. 浙江动物志软体动物［M］. 杭州：浙江科学技术出版社，1991.

［33］刘月英，张文珍，王耀先. 医学贝类学［M］. 北京：海洋出版社，1993.

［34］王洪铸. 中国小蚓类研究：附中国南极长城站附近地区两新种［M］. 北京：高等教育出版社，2002.

［35］梁彦龄. 中国水栖寡毛类的研究 Ⅰ. 仙女虫科和蛭蚓科新种的描述［J］. 动物学报，1963（4）：560-567.

［36］王俊才，王新华. 中国北方摇蚊幼虫［M］. 北京：中国言实出版社，2011.

［37］田立新，杨莲芳. 中国经济昆虫志第四十九册毛翅目(一)小石蛾科、角石蛾科、纹石蛾科、长角石蛾科［M］. 北京：科学出版社，1996.

［38］周长发，归鸿，周开亚. 中国蜉蝣目稚虫科检索表(昆虫纲)［J］. 南京师大学报(自然科学版)，2003，26(2)：65-68.

［39］陈广文，吕九全，马金友，等. 我国的淡水涡虫［J］. 生物学通报，2000，35(7)：11-13.

［40］刘德增. 我国的淡水涡虫［J］. 生物学通报，1989(9)：10-38.

太湖流域大型底栖无脊椎动物分类索引

附录

太湖流域大型底栖无脊椎动物分类检索表

目录

一、太湖流域常见大型无脊椎底栖动物主要类群检索表

1(4)身体被贝壳包裹 ····························· 软体动物(Mollusca)2

2(3)身体被单壳包裹 ····························· 腹足纲(Gastropoda)

3(2)身体被铰合在一起的双壳包裹 ··············· 双壳纲(Bivalvia)

4(1)身体无贝壳包裹 ······························· 5

5(13)有分节的足 ································ 6

6(7)足 6 条 ························· 昆虫纲(Insecta)(除双翅目幼虫)

7(12)足多于 6 条(不包括 8 条) ··········· 甲壳纲(Crustacea)8

8(9)身体有宽大的甲壳覆盖全部头胸部 ········· 十足目(Decapoda)

9(8)身体无宽大的甲壳覆盖全部头胸部 ··········· 10

10(11)体侧扁 ······························· 端足目(Amphipoda)

11(10)体背腹平扁 ···························· 等足目(Isopoda)

12(7)足 8 条 ········· 蛛形纲(Arachnoidea)真螨目(Acariformes)

13(5)没有分节的足 ······························· 14

14(21)身体分节 ································ 15

15(20)无明显头部或附肢 ················· 环节动物(Annelida)16

16(17)有疣足 ······························· 多毛纲(Polychaeta)

17(16)无疣足 ································· 18

18(19)有刚毛 ······························· 寡毛纲(Oligochaeta)

19(18)无刚毛 ································· 蛭纲(Hirudinea)

20(15)有可回缩的头部,大多数有足状附肢(原足) ·················

·················· 昆虫纲(Insecta)双翅目(Diptera)

21(14)身体不分节 ································ 22

22(23)体扁平,通常有眼点 ····· 扁形动物(Platyhelminthes)涡虫纲(Turbellaria)

三肠目 Tricladida 三角涡虫科 Dugesiidae 三角涡虫属 *Dugesia*

日本三角涡虫/东亚三角涡虫 *D. japonica*

23(22)体细长,呈圆柱状,无眼点 ··············· 线形动物(Nematomorpha)

二、太湖流域常见软体动物检索表

2.1 腹足纲常见种检索表

1(23)动物用鳃呼吸。有厣 ……………………………… 前鳃亚纲 Prosobranchia

2(16)贝壳多为大型或中等大小 …………………………………………… 3

3(9)外形一般呈陀螺形或圆锥形 ………………………………………… 4

4(7)贝壳呈陀螺形或圆锥形。雄性右触角变为交接器官。卵胎生…………
………………………………………………………… 田螺科 Viviparidae

5(6)贝壳较大,螺层表面膨胀较明显,壳光滑,一般不具环棱 …………………
……………………………………………… 圆田螺属 Cipangopaludina

6(5)螺层表面具环棱,螺塔较高,体螺层略膨大 ……………… 石田螺属 Bellamya

7(8)螺旋部外形呈梨形,各螺层膨胀,体螺层特别膨胀………………………
……………………………………………… 梨形石田螺 B. purificata

8(7)螺旋部呈圆锥形,各螺层增长缓慢,体螺层略膨大………………………
……………………………………………… 铜锈石田螺 B. aeruginosa

9(17)外形呈塔形或圆锥形 ……………………… 黑螺科 Melaniidae

10 外套膜边缘光滑 ……………………………… 短沟蜷属 Semisulcospira

11(13)无育儿囊 ………………………………………………… 12

12 外形呈尖圆锥形,有 12 个螺层,有纵肋 ……… 方格短沟蜷 S. cancellata

13(11)有育儿囊,位于颈部背面 ……………………………………… 14

14(15)外形呈塔锥形,有 5~6 个螺层,纵肋粗且疏 …………………………
……………………………………………… 黑龙江短沟蜷 S. amurensis

15(14)外形呈尖圆锥形,有 6~7 个螺层,有细弱的螺棱和纵肋,二者相交成瘤状结
节,并有色带或色斑 …………………………… 放逸短沟蜷 S. libertina

16(2)贝壳多为小型 ……………………………………………… 17

17 外形呈卵圆形或圆锥形,有鳃 ……………………… 觿螺科 Hydrobiidae

18(19)厣角质,贝壳两端较细,近圆桶形。壳口狭小,圆形 ………………………
………………………………………………… 狭口螺属 Stenothyra

19(22)厣石灰质。体螺层大于螺旋部,但不特别悬殊。壳面具有螺旋纹或螺棱 ……
……………………………………………… 沼螺属 *Parafossarulus*

20(21)螺体颜色浅,成体体型小,有5～6个螺层,壳顶尖 … 纹沼螺 *P. striatulus*

21(20)螺体颜色深,成体体型大,有5个螺层,壳顶钝 ………… 大沼螺 *P. eximius*

22(19)厣石灰质,体螺层特别悬殊地大于螺旋部……………… 涵螺属 *Alocinma*
…………………………………………… 长角涵螺 *A. longicornis*

23(1)动物用肺呼吸。无厣 ……………………………… 肺螺亚纲 Pulmonata

24(27)贝壳呈螺旋线旋转,外形呈耳状或圆锥形 ………… 椎实螺科 Lymnaeidae

25(26)贝壳较小,壳高一般在3厘米以下。螺旋部高度明显小于壳口高度,螺旋部
短小…………………………………………………… 萝卜螺属 *Radix*

26(25)壳口内缘略有皱褶。体螺层上部缩小,形成削肩状,中下部特别膨大………
…………………………………………………… 椭圆萝卜螺 *R. swinhoei*

27(24)贝壳旋转在一个平面上,外形呈盘状 ……… 扁蜷螺科 Planorbida

28(29)体螺层近壳口处略扩大,并斜向下侧 ………… 旋螺属 *Gyraulus*

29(28)体螺层宽大,并包住前一螺层的一部分。在壳口里面没有横隔片 ………
…………………………………………………… 圆扁螺属 *Hippeutis*

30(29)贝壳呈扁圆盘状,体螺层底部周缘具有尖锐的龙骨 …………………………
…………………………………………………… 尖口圆扁螺 *H. cantiri*

2.2 双壳纲常见种检索表

1(4)前闭壳肌较小或完全消失,后闭壳肌大,足小 ………… 异柱目 Anisomyaria
在我国淡水水域中,只有一科 ……………………………… 贻贝科 Mytilidae

2(3)贝壳小而薄,贻贝形。营固着生活。壳顶部分内面无隔板 …………………
…………………………………………………… 股蛤属 *Limnoperna*

3(2)壳顶位于最前端,前端尖呈锐角,背缘弯曲与后缘连成弧形,腹缘平直或在足丝
伸出处稍内陷 ……………………………………… 湖沼股蛤 *L. lacustris*

4(1)前、后闭壳肌大小略相等,足发达 ………… 真瓣鳃目 Eulamellibranchia

5(8)贝壳形状多变化,铰合部具拟主齿或侧齿或无齿,发生期经过钩介幼虫阶段…
……………………………………………………………………… 6

6(7)贝壳呈椭圆形,铰合部仅具主齿或略明显的侧齿;钩介幼虫无钩,卵仔四个鳃叶
中受精发育 ……………………………………… 珍珠蚌科 Margaritanidae

7(6)铰合部变化大,或者具有拟主齿,侧齿,或仅具侧齿,或无齿;钩介幼虫有钩状
物,卵仅在外鳃叶中发育……………………………………… 蚌科 Unionidae

8(5)贝壳呈三角形、卵圆形、长圆柱形,铰合部具有主齿及侧齿,发生期不经过钩介

幼虫阶段 ·· 9

9(10)贝壳呈三角形,壳质坚硬,每一贝壳上具有 2～3 枚主齿,侧齿呈锯齿状;精子、卵子成熟后,排入水中,在水中受精发育 ······················· 蚬科 Corbiculidae

10(9)贝壳较中等大小,壳质薄弱,外形呈圆柱形,左、右两壳相等,两端开口;铰合部仅具有主齿,无侧齿 ······································· 截蛏科 Solecurtidae

11 贝壳小型,壳质薄弱,外形呈卵圆状;右壳上有三枚主齿,左齿有两枚主齿,侧齿光滑 ·· 球蚬科 Sphaeriidae

2.2.1 蚌科分亚科、属、种检索表

1(24)壳质厚,铰合部发达,具有拟主齿和侧齿 ············· 珠蚌亚科 Unioninae

2(3)贝壳大型,背缘后部具有翼状突起 ······················· 帆蚌属 Hyriopsis

3(2)贝壳中等大小,背缘后部无翼状突起 ··· 4

4(5)壳质坚厚,壳面具有瘤状结节,后背部具有肋嵴 ········· 丽蚌属 Lamprotula

5(4)壳质较坚厚,壳面无瘤状结节,或光滑,或具有褶皱肋 ···················· 6

6(10)贝壳外形呈卵圆形,或呈三角形 ··· 7

7(8)贝壳壳面具有宽大同心圆的肋嵴 ······················· 裂嵴蚌属 Schistodesmus

8(7)贝壳壳面无宽大同心圆肋嵴,贝壳后部具有一尖嵴 ····· 尖嵴蚌属 Acuticosta

9 壳顶膨胀,突出高于背缘,具有从壳顶到腹缘放射线。壳顶前侧有几条细短的不规则的皱褶。壳顶突出稍向内弯 ····························· 勇士尖嵴蚌 A. retiaria

10(6)贝壳外形窄长,呈楔形、长椭圆形、矛形等 ····························· 11

11(20)贝壳外形显著窄长 ·· 12

12(19)贝壳外形呈矛状,贝壳后半部不扭转 ······················· 矛蚌属 Lanceolaria

13(16)壳后端不扭曲 ·· 14

14(15)壳圆柱形,前后部壳高相等或后部略高 ········· 真柱状矛蚌 L. eucylindrica

15(14)壳呈剑状,后部壳高显著低于前部,末端尖锐 ········· 剑状矛蚌 L. gladiola

16(13)壳后端微有扭曲 ·· 17

17(18)壳顶稍突出,紧靠前端,位于贝壳全长的约 1/10 处。壳中部的生长线间具许多粗短的皱褶 ····································· 短褶矛蚌 L. grayana

18(17)壳顶低平不突出,位前端在贝壳全长的 1/4 处。壳面中部具数条短的垂直皱纹 ·· 三型矛蚌 L. triformis

19(12)贝壳外形呈香蕉形,贝壳后半部向左方或向右方扭转 ····· 扭蚌属 Arconaia

20(11)贝壳外形不太窄长 ·· 21

21(22)贝壳呈楔形,前部膨大,后部尖细 ······················· 楔蚌属 Cuneopsis

22(21)贝壳呈长椭圆形 ·· 珠蚌属 Unio

23 铰合部发达,左壳有 2 枚拟主齿及 2 枚侧齿,右壳有 2 枚拟主齿及 1 枚侧齿。雌雄异体 ·················· 圆顶珠蚌 *U. douglasiae*

24(1)壳质轻薄,铰合部不发达 ·················· 无齿蚌亚科 Anodontdinae

25 铰合部无齿 ·················· 无齿蚌属 *Anodonta*

26 壳顶不膨胀,不高出背缘之上,背缘十分平直 ·················· 具角无齿蚌 *A. angula*

27 两壳稍膨胀,后背缘向上略有倾斜,后背缘的角突不发达 ·················· 背角无齿蚌 *A. woodiana*

28 两壳极膨胀,后背缘向上极倾斜,后背缘上有显著的角突 ·················· 圆背角无齿蚌 *A. woodiana pacifica*

29 外形呈蚶形,壳顶位于背缘中部 ·················· 蚶形无齿蚌 *A. arcaeformis*

2.2.2 蚬属分种检索表

1(4)贝壳大型,外形呈正三角形,壳顶突出,并向内、前弯曲 ·················· 2

2(3)壳顶膨胀,突出大,前缘、腹缘和后缘相连几乎成半圆形 ·················· 河蚬 *Corbicula fluminea*

3(2)壳顶略膨胀,突出小,前缘、腹缘与后缘形成大的弧形 ·················· 刻纹蚬 *C. largillierti*

4(1)贝壳中等大小,外形呈卵圆形,壳顶不突出或稍突出于背缘之上 ·················· 闪蚬 *C. nitens*

三、太湖流域常见水生昆虫检索表

3.1 水生昆虫分目检索表

1(2)原始性昆虫,无翅,咀嚼式口器,无变态发育,体长多在 2.5 cm 以下 ·················· 无翅亚纲 Apterygota 弹尾目 Collembola

2(1)大多成虫具有一对或两对翅,少数出现退化现象,有咀嚼式、刺吸式、虹吸式等多种口器,变态发育 ·················· 有翅亚纲 Pterygota 3

3(6)有翅 ·················· 4

4(5)体硬,甲虫样,一对硬化的翅沿背部中心线相接,咀嚼式口器 ·················· 鞘翅目 Coleoptera 成虫

5(4)体较软,翅前部革质,翅后部膜质,一对翅后部重叠,刺吸式口器 ·················· 半翅目 Hemiptera 成虫或若虫

6(3)无翅或仅具翅芽 ·················· 7

7(12)有翅芽 ·················· 8

8(9)下唇延长且转折为具抓取功能的附器 ·················· 蜻蜓目 Odonata 稚虫

9(8)下唇无此特征 ·················· 10

10(11)身体末端有两根长的尾须,腹部无鳃 ……………… 襀翅目 Plecoptera 稚虫

11(10)身体末端有三根(有时为两根)长的尾须,腹部侧面有鳃 ……………… ……………… 蜉蝣目 Ephemeroptera 稚虫

12(7)无翅芽 …………………………………………………………… 13

13(14)具细长而微弯的刺吸式口器 ……………… 脉翅目 Neuroptera 幼虫

14(13)具咀嚼式口器 …………………………………………… 15

15(16)胸部无足或仅具足状附肢 ………………………………… 17

16(15)胸部有 3 对分节的足 ………………………………… 19

17(18)腹部无足 …………………………… 双翅目 Diptera 幼虫

18(17)腹部有 5 对足,在水草茎内生活或居于由草屑筑成的管巢中 ……………… ……………………………………… 鳞翅目 Lepidoptera 幼虫

19(16)身体末端有钩,若无,身体末端或为一细丝或有数个附器或身体盘状扁平,幼虫可筑巢或织网 …………………………………………… 20

20(19)身体末端有一对钩,多数可用丝、沙子、沙砾或植物等材料筑巢,少数营自由生活 ……………………………………………… 毛翅目 Trichoptera 幼虫

20'(19)身体末端有一对原足,每个原足上有一对钩,或身体末端为一细丝;腹侧有明显的细丝(Fig. 22);一对大颚 ……………… 广翅目 Megaloptera 幼虫

20"(19)身体末端无钩,无细丝,腹侧无明显的细丝(豉甲幼虫例外,它在身体末端单个原足上有一对钩且腹侧有细丝);身体可以呈盘状扁平……… 鞘翅目 Coleoptera 幼虫

3.2 蜉蝣目(稚虫)分属种检索表

1(2)中胸背板向后扩展至腹部第 7 节的上方,形成甲壳状;胸部翅芽和腹部的鳃全部隐藏在甲壳下 ……………… 鲎蜉科 Prosopistomatidae(鲎蜉属 Prosopistoma)

2(1)中胸背板不明显扩大;腹部的鳃明显可见 …………………………… 3

3(4)上颚具上颚牙,头部背面观中明显可见;腹部 2~7 对鳃两叉状,各枚鳃的缘部分裂成缨毛状 …………………………………………… 5

4(3)上颚不具上颚牙;腹部的鳃形态多样,但绝无上述的鳃 ……………… 17

5(6)胸足各部分不特化;腹部的鳃位于体侧 ………… 河花蜉科 Potamanthidae 6

6(5)胸足的胫节和跗节宽扁,呈挖掘状;腹部的鳃背位 ……………… 11

7(8)上颚牙与头等长或约等长 ……………… 红纹蜉属 Rhoenanthus

8(7)上颚牙短于头长的一半 ……………… 河花蜉属 Potamanthus 9

9(10)前腿节表面具细毛但不具齿列 ……………… 河花蜉亚属 subgenus Potamanthus

10(9)前腿节表面具一列横生的齿列 ………… 似河花蜉亚属 subgenus Potamanthodes

11(12)侧面观上颚牙向上弯曲;后足胫节端部呈尖锐的突出状 ……………… 13

102(101)腹部第 1 对鳃与后面各对鳃在形状和结构上相似,都分为二叉状 ······ 105

103(104)腹部 2～7 对鳃的后缘分裂成三叉状 ················· 宽基蜉属 *Choroterpes*

104(103)腹部 2～7 对鳃的后缘延伸成尖锐的细丝状 ····· 细裳蜉属 *Leptophlebia*

105(106)上唇前缘中央略凹陷,古北区分布 ········ 拟细裳蜉属 *Paraleptophlebia*

106(105)上唇前缘中央深凹陷,东洋区分布 ········· 柔裳蜉属 *Habrophlebiodes*

3.3 蜻蜓目(稚虫)分属种检索表

1(2)体较粗短,头部通常窄于胸部;腹部末端具有 3 个短而坚硬、端尖的瓣(肛上板和肛侧板)。·· 差翅亚目 Anisoptera 3

2(1)体细长,头部比胸部和腹部更宽;腹部末端具有 3 个(极少为 2 个)长形尾鳃。
·· 均(束)翅亚目 Zygoptera 13

3(4)下唇的前颏和下唇须叶平坦,或者近似平坦;前颏无背鬃,下唇须叶通常也无鬃。·· 5

4(3)下唇的前颏和下唇须叶匙状;通常前颏有背鬃,下唇须叶常常也有鬃。 ····· 7

5(6)触角 4 节;前足和中足跗节 2 节,前颏前缘无中裂。········· 春蜓科 Gomphidae

6(5)触角 7 节;前足和中足跗节 3 节,前颏前缘具中裂。 ········· 蜓科 Aeshnidae

7(8)下唇须叶端缘具深的缺刻,形成若干不规则的大齿;前颏端缘中央具一对齿状突,中央呈 V 形分裂。················· 大蜓科 Cordulegasteridae

8(7)下唇须叶端缘光滑无齿,或具若干形状一样的圆齿;每个圆齿生有 1 根或几根刚毛;前颏端缘中央不如上述。··································· 9

9(10)头部在两个触角基部之间有一个显著的角突状;后胸腹板中央有一个阔的突起;腹部扁平,足极长,后足腿节末端抵达或超过腹部第 8 节后缘。·····················
·· 大蜻科 Macromiidae

10(9)头部无上述角突状;腹部不甚扁平;足短,后足腿节末端通常不达腹部第 8 节后缘。···································· 11

11(12)下唇须叶端缘圆齿之间凹陷较深,圆齿的高度通常为基宽的 1/2 至 1/4;尾须长度一般超过肛侧板之半。·············· 伪蜻科 Corduliidae

12(11)下唇须叶端缘圆齿之间凹陷甚浅,圆齿的高度通常为基宽的 1/10 至 1/6;尾须长度一般不及肛侧板之半。·············· 蜻科 Libellulidae

13(14)大触角的第一节特别长,下唇中片具有深沟所形成菱形的口。 ··············
··· 色蟌科(Calopterygidae)

14(13)大触角的第一节正常,下唇中片不具菱形的口。·············· 15

15(16)下唇匙状,中片中央有浅沟,尾片为羽状分枝。········· 丝蟌科 Lestidae

16(15)下唇短,不呈匙状,中片中央无浅沟,尾片为树状分枝。 ……………………
…………………………………………… 蟌科 Coenagrionidae

3.4 毛翅目(幼虫)分科检索表

1(2)臀足爪梳状;幼虫筑螺纹状移动巢(由砂粒构成)。 ……………………………
…………………………………… 钩翅石蛾科 Helicopsychidae

2(1)臀足爪钩状;巢直,不呈螺纹状。 ……………………………………… 3

3(4)胸部各节背面均被盾板覆盖为一块或被中缝分开。各节盾板形状、大小相似。
………………………………………………………………………… 5

4(3)后胸,有时中胸背面膜质,或几乎如此,着生几对小骨片,如骨片大,则与前胸盾板不相似。 ……………………………………………………………… 11

5(6)腹侧缺气管鳃。 ………………………………………………… 7

6(5)腹侧有分枝的气管鳃。 ………………………………………… 9

7(8)腹部第 9 节缺骨化背片。 ………………………… 径石蛾科 Ecnomidae

8(7)腹部第 9 节有骨化背片。 ………………… 小石蛾科 Hydroptilidae

9(10)外咽片延伸到后头孔。 ………………… 弓石蛾科 Arctopsychidae

10(9)外咽片小,三角形,不延伸到后头孔。 ……… 纹石蛾科 Hydropsychidae

11(12)触角长而显著,长 6 倍于宽;或中胸盾板略骨化,颜色浅,后半部有 2 条弯曲纵黑线;巢可移动,各种质地。 ………………… 长角石蛾科 Leptoceridae

12(11)触角长不及宽的 3 倍,或触角不显著;中胸盾板绝无 1 对弯曲纵线。 …… 13

13(14)中胸盾板大部或全部膜质,或小骨片覆盖背面远不及一半,前胸盾板绝无前侧突。 ………………………………………………………… 15

14(13)中胸盾板大部分被骨化板覆盖,不同程度的分割为数块,色深;有时前胸盾板具前侧突。 ……………………………………………………… 36

15(16)腹部第 9 节背面有骨化背片。 ………………………………… 17

16(15)腹部第 9 节背面无骨化背片。 ………………………………… 23

17(18)后胸背侧毛瘤(Sa$_3$)有一丛毛着生于小圆骨片上;前胸腹板中央有一"角"突存在;巢可移动,管状,附于植物上。 ……………… 石蛾科 Phryganeid

18(17)后胸背侧毛瘤(Sa$_3$)只有一根毛;前胸腹板无"角"状突起;巢龟状,由石粒构成,附固定或可自由移动。 ……………………………………………… 19

19(20)臀足基半部与第 9 节广泛相连;臀爪至少有 1 个背附钩;巢可移动。 ………
………………………………………… 舌石蛾科 Glossosomatidae

20(19)臀足基半部与第 9 节分离;臀爪无附钩。 ………………………… 21

21(22)前足腿节形成 1 个腹叶,与胫、跗节构成螯钳状足。 ••••••••••••••••
•• 螯石蛾科 Hydrobiosidae

22(21)前足不呈螯状。 •••••••••••••••••••••••• 原石蛾科 Rhyacophilidae

23(24)上唇膜质,呈"T"形;筑固定的束状丝质网。 ••• 等翅石蛾科 Philopotamidae

24(23)上唇骨化,呈圆形。 •••••••••••••••••••••••••••••••••••••• 25

25(26)下唇细长,末端细管状,尖锐。 •••••••••••••••••••••••••••• 27

26(25)下唇短,末端不呈细管状,不尖锐。 •••••••••••••••••••••••• 32

27(28)腹部有侧毛列,足短,胫跗节扁平,有毛刷;臀末有显著乳突。 ••••••••••••
•••••••••••••••••••••••••••••••••••••• 畸距石蛾科 Dipseudopsidae

28(29)腹部无侧毛列。 •• 30

30(31)各足胫、跗节均愈合;前足基、转节小、锥状;中胸侧板向前延伸成一突起;巢
管状,由砂粒构成。 •••••••••••••••••••••••• 剑石蛾科 Xiphocentronidae

31(30)各足胫、跗节均分开;前足基、转节宽、斧状。 ••••• 蝶石蛾科 Psychomyiidae

32(33)腹部无侧毛列;头窄长,长为宽的 2 倍以上;前足基节有 2 大刺;体大型。 •••
•••••••••••••••••••••••••••••••••••••• 角石蛾科 Stenopsychidae

33(32)腹部有侧毛列;头圆形或长圆形,长为宽的 2 倍以下;前足基节无大刺;体中、
小型。 ••• 34

34(35)前胸盾板后侧向腹面延伸包围前足基节。 ••••••••••••• 径石蛾科 Ecnomidae

35(34)前胸盾板不向腹面延伸,前足基外片尖端,无基缝。 ••••••••••••••••••
•••••••••••••••••••••••••••••••••••• 多距石蛾科 Polycentropodidae

36(37)腹部第 1 节无背、侧瘤突;前胸盾上有 1 横脊;后胸前背毛瘤(Sa_1)缺,或有
1 根刚毛而无骨片,巢由砂粒构成,龟背状。 •••••••••••••••• 短石蛾科 Brachycentridae

37(36)腹部第 1 节有背、侧瘤突,或仅有侧瘤突;后胸前背毛瘤(Sa_1)存在。 ••••• 38

38(39)后足跗节爪变成 1 个短毛状,或为细长线状;巢砂质,圆帽状。 •••••••••••
•••••••••••••••••••••••••••••••••••••• 细翅石蛾科 Molannidae

39(38)后足跗节爪与其他足相同。 ••••••••••••••••••••••••••••••••• 40

40(41)上唇中部有 1 横列毛,约 16 根以上;巢由树叶、树皮和中空的短枝条构成。 •••••••••
•••••••••••••••••••••••••••••••••••••• 枝石蛾科 Calamoceratidae

41(40)上唇中部无 1 横列毛,如有不超过 16 根。 ••••••••••••••••••••••••• 42

42(43)触角位置紧挨眼的边缘;腹部第 1 节无背突;筑各种质地巢。 ••••••••••••
•••••••••••••••••••••••••••••••••••••• 鳞石蛾科 Lepidostomatidae

43(42)触角远离眼。 •• 44

44(45)触角位置紧挨头壳前缘。 •••••••••••••••••••••••••••••••••• 46

45(44)触角位置位于眼与头壳前缘的中间。 ……………………………………… 52

46(47)臀足侧片小,并向后方延伸为突起,着生 1 根粗大的刚毛;臀足腹面中间膜质,着生 25～30 根小毛;巢由砂粒构成。 …………………… 贝石蛾科 Beraeidae

47(46)臀足侧片不位于后方,也不延伸为突起,臀足腹面中部无 1 丛刚毛;如有刚毛则位于背面。 ……………………………………………………………… 48

48(49)前胸腹板有"角"状突起存在;腹部第 1 节有小的背瘤突;鳃单生,短;腹部有侧毛列和侧面的颗粒,臀爪有副钩。 ………………… 拟石蛾科 Phryganopsychidae

49(48)前胸腹板无"角"状突起存在;腹部无侧毛列。 ……………………… 50

50(51)臀足有 1 丛背毛 30 根,或在其侧片的后中部更多;前足基转节相当大,端部钩状;巢砂质。 ……………………………………… 毛石蛾科 Sericostomatidae

51(50)臀足有 3～5 根背毛,有时为刺状;前足基转节小,端部不尖;巢砂质。 …… …………………………………………………………… 齿角石蛾科 Odontoceridae

52(53)中、后胸背板相似,分别被 3 条纵缝划为 4 块,其腹面和腹部第 1 节腹面有着生刚毛丛的骨片;腹部第 1 节背面有 1 横形的骨片,无背瘤突。 ……………………… ……………………………………………… 准石蛾科 Limnocentropodidae

53(52)中、后胸背及腹板不如上述;腹部第 1 节背面有瘤突而无 1 横形骨片。 …… …………………………………………………………………………………… 54

54(55)前胸盾板长大于宽;后胸前背毛瘤(Sa_1)毛 1 根;上颚无齿;腹部侧面有小颗粒;幼虫极细长;巢细长,由极细的砂粒或纯丝质构成。 ………… 乌石蛾科 Uenoidae

55(54)前胸盾板宽大于长;后胸前背毛瘤(Sa_1)毛多于 1 根;上颚有齿或无齿;腹部侧面无颗粒;幼虫不如上述细长。 ……………………………………… 56

56(57)中胸侧板向前延伸成 1 个突起;上颚无齿,少数有小齿。 ……………… …………………………………………………………………… 瘤石蛾科 Goeridae

57(56)中胸侧板正常;上颚有齿,少数无齿。 …………… 沼石蛾科 Limnephilidae

3.5　水生双翅目分科检索表

1(20)头壳完整,硬化,头部和前胸游离或可缩入前胸。

2(17)头壳很发达,大颚左右活动,适于咀嚼。

3(4)腹末有由 6 条辐射的叶状突起,构成呼吸盘。 ………………… 大蚊科 Tipulidae

4(3)腹末无上述呼吸盘。

5(6)体后端伸长成一个长的呼吸管。 ………………… 细腰蚊科 Ptychopteridae

6(5)体后端无上述的呼吸官。

7(12)腹部具疣状附肢。

8(9)体稍扁,横断面卵形,大部分体节具长的侧突起,胸节和腹节约等宽。 …………………………………………………… 蠓科 Ceratopogonidae

9(8)体横断面圆形,体节无侧突起

10(11)两对疣状足位于第一和第二节背面,体静止时作 U 状弯曲。 …………………………………………………… 细蚊科 Dixidae

11(10)前胸和肛节各具一对疣状足,体静止时不作 U 状弯曲。 …………………………………………………… 摇蚊科 Chironomidae

12(7)腹部无疣状附肢。

13(14)体节背面有若干狭窄的条状横带,体末形成一短的几丁质管。 …………………………………………………… 毛蠓科 Psychodidae

14(13)体节背面无上述横带,体末节不形成管状。

15(16)3 个胸节愈合,形成一个稍膨大的复合节。 …………… 蚊科 Culicidae

16(15)胸节分节明显,体前具一个突起(原足)。 ………… 蚋科 Simuliidae

17(2)头壳不很发达(仅背面硬化),常缩入前胸,大颚上下活动。

18(19)体壁具碳酸钙结晶,无庞足。 ………… 水虻科 Strationmyidae

19(18)体壁无碳酸钙结晶,大多数体节有由若干疣状足形成的环带。 …………………………………………………… 虻科 Tabanidae

20(1)头壳不完整,膜质。

21(22)腹末延长成一个可作套筒伸缩的长呼吸管,污水性。 …………………………………………………… 食蚜蝇科 Syrphidae

22(21)腹末具分叉的较长呼吸管。 ………… 水蝇科 Ephydridae

3.5.1 摇蚊科分亚科检索表

1(2)触角可以收缩,通常很长。原足长,高跷状。 …… 长足摇蚊亚科 Tanypodinae

2(1)触角不能收缩,通常很短。 ………………………………… 3

3(4)无前上颚,尾前须长为宽的 8 至 10 倍。 ………… 寡脉摇蚊亚科 Podonominae

4(3)有前上颚,尾前须很短,其长最多不超过宽的 4 倍。 ………… 5

5(6)触角第 3 节具环纹。通常无腹颏板,如有则无影线。 …………………………………………………… 寡角摇蚊亚科 Diamesinae

6(5)触角第 3 节无环线。腹颏板有或无。 ………………………… 7

7(8)颏两侧的腹颏,形成具有放射状影线的腹颏板。 …… 摇蚊亚科 Chironominae

8(7)颏的腹颏部分通常不明显,如有绝不具影线。 ………………… 9

9(10)腹颏板向两侧伸展,并具长鬃,触角 4 节。 …………………………………………………… 前寡角摇蚊亚科 Prodiamesinae

10(9)腹颏板小,如向两侧伸展则无鬃,触角不是 4 节。 ••••••••••••
•••••••••••••••••••••••••••••••••••• 直突摇蚊亚科 Orthocladiinae

3.5.2 长足摇蚊亚科分属种检索表

1. 体较宽,腹侧具游泳缨毛。头圆至椭圆形,头壳指数 0.65~1.00,上具 6 个束状且伸长的感觉器。背颏具齿列,有或无背颏板。肛突长是宽的 2 倍。•••••• 2

体较细长,无游泳缨毛。头长椭圆形,头壳指数 0.4~0.67,上唇感觉器官简单,非束状。背颏不具齿列。肛突长至少是宽的 3 倍。•••••••••••••••••••• 14

2. 头壳指数 0.65~0.70。头壳向前渐窄。头前缘的上唇感觉器官清晰可见。背颏齿不位于明显的颏板上。肛突位于腹部末端。两尾前须之间有一小的尖形乳突。上颚明显钩状,具大的尖形基齿。触角长度至少为上颚的 4 倍,触角比>10。唇舌内齿不弯曲或稍微向外弯。•••••••••••••••••• 菱跗摇蚊属 Clinotanypus

头壳指数 0.70~1.00,头壳前部圆形。上唇感觉器官不明显。颏背齿位于有明显界限的颏板上。肛突位于后原足基部,尾前须间无尖形乳突。•••••••••••• 3

3. 头壳指数约 1.0,上颚基部 1/2 膨大,端齿短,长度约为上颚长的 0.2 倍。颏附器无伪齿舌。舌栉极度退化。•••••••••••••••• 长足摇蚊属 Tanypus

头壳指数<0.95。上颚具或多或少的缺刻,端齿长度至少为上颚的 0.25 倍。颏附器有伪齿舌。舌栉清晰可见。•••••••••••••••••••••••••••••• 5

4. 背颏齿 6 对,唇舌长为宽的 2 倍。侧唇舌外缘具 9 根细长的直刺。上颚端齿长约为基部宽的 2 倍。尾前须长为宽的 4 倍。 ••••• 绒铗长足摇蚊 Tanypus villipennis

背颏齿 8 对,唇舌长为宽的 2.4 倍。侧唇舌外缘具 12 根细长的直刺。上颚端齿长约为基部宽的 2.2 倍。尾前须长为宽的 5 倍。•••••••••••••••••
•••••••••••••••••••••••••• 刺铗长足摇蚊 Tanypus Punctipennis

5. 上颚较大。基齿钝。唇舌端部 1/2 黑色。•••••••••••••••••••• 6

上颚基齿尖形。唇舌齿色淡或暗至深褐色。••••••••••••••••••• 12

6. 触角叶比鞭节长。唇舌具 4 或 5 个齿。••••• 德亚摇蚊属 Djalmabatista

触角叶最多与鞭节等长。唇舌具 5 个齿。•••••••••••••••••••• 7

7. 侧唇舌的主齿短。长度最多为次齿长的 2 倍,次齿大小相等。外侧齿的数目为内侧齿的 2 倍。舌栉少于 10 个齿且排列疏松。••••••••••••••••
•••••••••••••••• 前突摇蚊属 Procladius(Psilotanypus)

侧唇舌的主齿最少为次齿的 2 倍。次齿大,内侧齿无或仅有几个齿。舌栉具 10 个以上排列紧密的齿。•••••••••• 前突摇蚊属 Procladius(Holotanypus)

8. 侧唇舌内缘无齿。唇舌 5 个齿,长约为宽的 2.7 倍。背颏齿 6 对。•••••••••
•••••••••••••••••••• 日本前突摇蚊 Procladius nipponicus

侧唇舌内缘具 1~3 个齿。触角副叶比第 2 节长。•••••••••••• 9

9. 背颏齿 11 对,唇舌长为宽的 1.5 倍。侧唇舌内缘 1 个齿,外缘 5 个齿。上颚端齿长为基部宽的 2.6 倍。••••••••• 前突摇蚊 A *Procladius sp. A.*

背颏齿 6~8 对。••••••••••••••••••••••• 10

10. 背颏齿 6 对,唇舌长为端部宽的 1.5 倍。触角第 2 节长为宽的 3.5 倍。上颚端齿长为基部宽的 2.8 倍。•••••• 前突摇蚊 B *Procladius sp. B.*

背颏齿 7~8 对,唇舌中齿相对小。••••••••••••• 11

11. 背颏齿 7 对,唇舌长为端部宽的 1.5 倍。侧唇舌内缘 2 个齿,外缘 4 个齿。触角第 2 节长约为宽的 4.8 倍。上颚端齿长为基部宽的 3 倍。•••••••••

•••••••••••••••••••••• 前突摇蚊 C *Procladius sp. C.*

背颏齿 8 对,唇舌长为端部宽的 1.7 倍。侧唇舌内缘 3 个齿,外缘 5 个齿。触角第 2 节长约为宽的 2.1 倍。上颚端齿长为基部宽的 2.8 倍。••••••••••

••••••••••••••••••••• 花翅前突摇蚊 *Procladius choreus*

12. 上颚明显弯曲,基部很宽,无基齿,端齿基部有 2 个较大的内齿。舌栉具双排大齿和几排小齿。背颏板约具 13 个齿。••••••••••• 阿纳摇蚊属 *Anatopynia*

上颚中等程度弯曲,基部中等宽,在基齿的背侧缘有小齿,端齿基部无内齿。舌栉具简单的齿列。背颏板的齿 6~8 个,唇舌齿列深度凹陷,内齿直或一定程度的向外弯,下颚须的环器位于基节近基部 1/3 处。触角第 2 节长约为宽的 3.5 倍。•••••••••

••••••••••••••••••••• 大粗摇蚊属 *Macropelopia*

13. 背颏 7 对齿。舌栉 17 个齿。•••••••• 标志大粗腹摇蚊 *Macropelopia notata*

背颏 8 对齿。舌栉 22 个齿。•••••••• 杂色大粗腹摇蚊 *Macropelopia nebulosa*

14. 下颚须基节再分成 2~5 节。•••••••••••••••••• 15

下颚须基节只有 1 节。•••••••••••••••••••• 18

15. 唇舌齿明显凹陷,内齿尖且向外弯。后原足具 1 个或多个暗色爪。•••••

•••••••••••••••••••• 无突摇蚊属 *Ablabesmyia*

唇舌齿大小相同或内齿尖直且长于外齿和中齿或中间的 3 个齿色淡且平截。后原足无暗色爪。••••••• 无突摇蚊属(无突摇蚊族)*Ablabesmyia（Annulata group）*

16. 下颚须第 1 节再分为 2~3 节。•••••••••••••••• 17

下颚须第 1 节再分为 5 节。•••••••••• 项圈无突摇蚊 *Ablabesmyia monilis*

17. 下颚须第 1 节再分为 2 节。•••••••••• 费塔无突摇蚊 *Ablabesmyia phatta*

下颚须第 1 节再分为 3 节。•••••••• 长柱无突摇蚊 *Ablabesmyia longistyla*

18. 劳氏器与触角第 3 节等长、明显几丁质化,与触角第 2 节顶端愈合呈音叉状。触角末节与第 3 节约等长。•••••••••• 瘤盾摇蚊属 *Pentaneurella*

劳氏器最长为触角第 3 节的 1/2,弱几丁质化,不与触角第 2 节外缘愈合。触角末节通常比第 3 节短。 ·························· 19

19. 上颚具一很大基齿。唇舌内齿尖直,内齿与外齿不愈合或愈合不明显。触角长为上颚长的 2 倍。 ·························· 纳塔摇蚊属 *Natarsia*

上颚无大的基齿。唇舌内齿常向外弯曲。内齿与外齿一定程度愈合。 ········· 20

20. 下颚须的环器位于基节中部 1/3 处。舌栉的列齿中部的几个齿粗大。伪齿舌的细小颗粒平行纵向排列,基部与骨化区相连。 ·········· 沟粗腹摇蚊属 *Trissopelopia*

下颚须的环器位于基节中部 1/3 处。舌栉的列齿中部的无明显大齿。伪齿舌的基部不与骨化区相连。 ·························· 21

21. 下颚须 b 刚毛分 2 节。触角长最多为上颚长的 2 倍。 ··························
·························· 特突摇蚊属 *Thienemannimyia*

下颚须 b 刚毛分 3 节。触角长为上颚长的 2.5 倍至 3 倍。 ··························
·························· 流粗摇蚊属 *Rheopelopia*

22. 触角第 2 节长约为宽的 10 倍。触角叶基环高约为宽的 2 倍。颏附器两侧的上唇泡卵形,基部骨化区具一钝突。 ·········· 特突摇蚊 A *Thienemannimyia sp. A.*

23. 触角第 2 节长约为宽的 8 倍。触角叶基环高约为宽的 1.3 倍。颏附器两侧的上唇泡椭圆形,端部缩窄,基部骨化区具两个钝突。 ··························
·························· 盖氏特突摇蚊属 *Thienemannimyia geijskesi*

3.5.3 摇蚊亚科幼虫分属种检索表

1. 触角着生于触角托上,托高长大于宽。劳氏器发达,腹颏板长形,其上的影线多为平行线。 ·························· 长跗摇蚊族 *Tanytarsini*

触角托常无,如有则托高常小于宽。劳氏器小。腹颏板多为扇形,其上的影线多为辐射状。 ·························· 摇蚊族 *Chironomini*

2. 腹颏板中部分开,距离至少为 3 个中齿的宽度。 ·························· 3
腹颏板中部靠近,距离短于中齿的宽度。 ·························· 4

3. 劳氏器具明显的柄。颏中齿 1 个,侧齿 6 对。 ··························
·························· 锥昏眼摇蚊属 *Constempellina*

劳氏器无柄。颏中齿 3 分叶,侧齿 5 对。 ·········· 西氏摇蚊属 *Thienmanniola*

4. 前上颚具 3~5 个齿。 ·························· 5
前上颚具 2 个齿。 ·························· 12

5. 触角第 2 节楔形,长度小于或等于触角第 3 节。劳氏器柄短。后原足一些爪的内侧具细锯齿。 ·········· 枝长跗摇蚊属 *Cladotanytarsus*

触角第 2 节圆柱形,长度长于触角第 3 节。劳氏器柄长。后原足的爪为简单的钩状。 ·· 长跗摇蚊属 *Tanytarsus*

6. 触角第 1 节比鞭节长。颏第 1 侧齿比第 2 侧齿大。 ··············
·································· 残枝长跗摇蚊 *Cladotanytarsus mancus*
触角第 1 节约与鞭节等长。颏第 1 侧齿比第 2 侧齿小。 ···············
·································· 范德枝长跗摇蚊 *Cladotanytarsus vanderwulpi*

7. 触角托无距。 ·· 8
触角托有一长距,长距第 1 节长约为宽的 10 倍。劳氏器柄长约为最后 3 节长的
3.5 倍。前上颚具 4 个齿和 1 个背刺。颏中齿两侧具缺刻,侧齿 5 对。 ·········
·································· 布氏长跗摇蚊 *Tanytarsus brundini*

8. 劳氏器柄长,超过触角末节。 ··· 9
劳氏器柄短,仅为第 3 节长的 1.2 倍。触角第 1 节长约为宽的 6 倍,前上颚具 3 个
齿和 1 个背刺。上颚端齿比 3 个内齿的和长短。颏中齿两侧具缺刻,侧齿 5 对。 ·····
·································· 小山长跗摇蚊 *Tanytarsus oyamai*

9. 额唇基毛羽状。 ··· 10
额唇基毛简单或 2 分叉。 ·· 11

10. 触角第 1 节长约为宽的 8 倍,劳氏器柄长为后 3 节长的 2.1 倍。前上颚具 4 个
齿。颏中齿两侧无明显缺刻。腹颏板长约宽的 5 倍。 ·····························
·································· 额叶长跗摇蚊 *Tanytarsus labatifrons*
触角第 1 节长约为宽的 7.6 倍,劳氏器柄长为后 3 节长的 2.3 倍。颏中齿两侧无明
显缺刻。 ································· 长跗摇蚊 A *Tanytarsus sp. A.*

11. 额唇基毛 2 分叉。触角约为上颚的 1.6 倍,第 1 节长约为宽的 8 倍。劳氏器柄
长为后 3 节长的 2 倍。颏中齿宽、圆形。 ·······································
·································· 次中禅长跗摇蚊 *Tanytarsus chuzesecundus*
额唇基毛简单。触角约为上颚的 1.5 倍,第 1 节长约为宽的 6.8 倍。劳氏器柄长为
后 3 节长的 1.5 倍。颏中齿两侧具缺刻。 ··········· 长跗摇蚊 B *Tanytarsus sp. B.*

12. 劳氏器无柄,触角托无距。 ··········· 拟长跗摇蚊属 *Paratanytarsus* 13
劳氏器具柄。 ··· 14

13. 颏中齿两侧无缺刻,腹颏板中部分离。触角叶约与第 2 节等长。幼虫淡红色,
体长 5 毫米。 ··········· 孤雌拟长跗摇蚊属 *Paratanytarsus parthenogeneticus*
颏中齿两侧具缺刻,腹颏板中部相接。触角叶超过第 2 节。 ·················
·································· 拟长跗摇蚊属 A *Paratanytarsus sp. A.*

14. 劳氏器柄长至少为 3～5 节合长的 2 倍。 ···························· 15
劳氏器柄长不超过 3～5 节合长的 1.5 倍。 ··························· 18

15. 第 11 节具明显的背部隆起或无,触角托无距。 ⋯⋯⋯⋯ 松突摇蚊属 *Krenopsectra*
第 11 节无上述突起,触角托有距。 ⋯⋯⋯⋯⋯⋯⋯⋯ 小突摇蚊属 *Micropsectra*

16. 触角托上的距为托长的 1/5。 ⋯⋯⋯⋯⋯⋯⋯⋯⋯⋯⋯⋯⋯⋯ 17
触角托上的距为托长的 1/4。第 1 节长约为宽的 9.5 倍。触角叶约与第 2 节等长。
劳氏器柄长为后 3 节长的 2.8 倍。颏中齿圆,侧齿 5 对。 ⋯⋯⋯⋯⋯⋯
⋯⋯⋯⋯⋯⋯⋯⋯⋯⋯⋯⋯⋯ 双齿小突摇蚊 *Micropsectra bidentata*

17. 劳氏器柄长约为后 3 节长的 4 倍。触角第 1 节约为第 2 节长的 3 倍。颏中齿两
侧具缺刻,侧齿 5 对。 ⋯⋯⋯⋯⋯⋯⋯⋯ 罗甘小突摇蚊 *Micropsectra logana*
劳氏器柄长约为后 3 节长的 3.2 倍。触角第 1 节约为第 2 节的 3.3 倍。颏中齿
圆形,侧齿 5 对。 ⋯⋯⋯⋯⋯⋯⋯⋯ 中禅小突摇蚊 *Micropsectra chuzeprima*

18. 颏具 4 或 5 对侧齿,劳氏器大,具宽柄。触角第 2 节与第 3 节等长。 ⋯⋯⋯⋯
⋯⋯⋯⋯⋯⋯⋯⋯⋯⋯⋯⋯⋯ 肛齿摇蚊属 *Neozavrelia*
颏具 5 对侧齿,劳氏器小,柄细弱。第 2 节与触角末节等长。 ⋯⋯⋯⋯⋯⋯
⋯⋯⋯⋯⋯⋯⋯⋯⋯⋯⋯⋯⋯ 流长跗摇蚊属 *Rheotanytarsus*

19. 上唇片 S12 的前缘向前突。 ⋯⋯⋯⋯⋯⋯⋯⋯⋯⋯⋯⋯⋯⋯ 20
上唇片 S12 的前缘向内微凹,触角第 1 节长约为宽的 3 倍。劳氏器柄长为后 3 节的
1.1 倍。上颚端齿比 2 个内齿的宽度长。颏中齿与第 1 侧等高,侧齿 4 对。腹颏板影线
发达。 ⋯⋯⋯⋯⋯⋯⋯⋯ 凤城肛齿摇蚊 *Neozavrelia fengchengensis*

20. 上唇片 S12 的前缘微突。触角第 1 节长约为宽的 3.3 倍。上颚端齿比 2 个内
齿的宽度短。颏中齿小且比第 1 侧齿低,侧齿 5 对,第 5 对很小。 ⋯⋯⋯⋯⋯
⋯⋯⋯⋯⋯⋯⋯⋯⋯⋯⋯⋯⋯ 肛齿摇蚊 A *Neozavrelia sp. A.*
上唇骨片 S12 明显前突。触角第 1 节长约为宽的 3.1 倍。上颚端齿比 2 个内齿的
宽度约相等。颏中齿比第 1 侧齿低,侧齿 5 对。腹颏板影线端半部明显,基半部具点状
颗粒。 ⋯⋯⋯⋯⋯⋯⋯⋯⋯⋯⋯⋯ 肛齿摇蚊 B *Neozavrelia sp. B.*

21. 颏中齿两侧具缺颏。 ⋯⋯⋯⋯⋯⋯⋯⋯⋯⋯⋯⋯⋯⋯⋯⋯ 22
颏中齿圆、两侧无缺颏。上颚端齿比 2 个内齿的宽度短。触角第 1 节长约为宽的
6.5 倍。劳氏器柄长为第 3 节长的 1.2 倍。腹部 2～6 节侧后角具基部羽状的人字形刚毛。
⋯⋯⋯⋯⋯⋯⋯⋯⋯⋯⋯ 流长跗摇蚊 A *Rheotanytarsus sp. A.*

22. 上颚端齿比 2 个内齿的宽度长。 ⋯⋯⋯⋯⋯⋯⋯⋯⋯⋯⋯⋯ 23
上颚端齿比 2 个内齿的宽度短。触角第 1 节长约为宽的 5 倍。劳氏器柄长约与
3 节等长。颏中齿具缺刻,侧齿黑褐色。 ⋯⋯⋯ 苔流长跗摇蚊 *Rheotanytarsus muscicola*

23. 触角第 1 节长为宽的 6 倍,劳氏器柄约与第 3 节等长。幼虫桔红色。 ⋯⋯⋯⋯
⋯⋯⋯⋯⋯⋯⋯⋯⋯⋯⋯ 京都流长跗摇蚊 *Rheotanytarsus kyotoensis*

触角第 1 节长为宽的 9.5 倍,劳氏器柄长为第 3 节长的 1.2 倍。幼虫灰绿色。 …
………… 短小流长跗摇蚊 *Rheotanytarsus exiguus*

24. 上唇 S I 和 S II 刚毛简单,通常叶状,极少数 S I 刚毛分成 3~5 个细齿。无上唇片。内唇栉为单一板或鳞片,有时呈大的明显的齿状,通常为小的不明显的齿。有时为叶状或锯齿状。上颚背齿常缺如,上颚栉无货退化为 1~4 个齿,偶尔更多。 ……… 59

上唇 S I 刚毛呈一定程度的羽状,S II 从不叶状。有上唇片,通常很发达。内唇栉为一宽板,端部齿状或分为 3 个端部带齿的鳞。上颚背齿有或无,上颚栉发达。 …… 25

25. 幼虫腹部具腹鳃,侧鳃有或无。 ……………………… 26

幼虫腹部无腹鳃和侧鳃。 ……………………………………… 38

26. 腹部第 8 节具 2 对腹鳃,第 7 节的侧鳃有或无(*C. sallinarius* 除外)。颏中齿 3 分叶。 …………………………… 摇蚊属 *Chironomus* 28

腹部第 8 节具 1 对腹鳃,第 7 节无侧鳃。 ……………… 27

27. 头壳前缘向内凹陷,部分种平直或前凸,背面具颗粒状纹。腹颏板前缘波纹状。
…………………… 雕翅摇蚊属 *Glyptotendipes*

头壳前缘向前凸,背面无颗粒状纹。腹颏板前缘平滑。 …… 恩非摇蚊 *Einfeldia*

28. 腹部具腹鳃和侧鳃。 ………………………………… 29

腹部无腹鳃和侧鳃。内唇栉具 18 个齿,肛突长为后原足的 1/2。幼虫红色,体长 14 毫米。 ………………… 喜盐摇蚊 *Chironomus salinarius*

29. 腹部第 7 节具侧鳃。 ………………………………… 32

腹部第 7 节无侧鳃。 …………………………………… 30

30. 腹部第 8 节的 2 对腹鳃等长。 …………………… 31

腹部第 8 节的 2 对腹鳃前一对稍短,后一对长且弯曲。内唇栉 11 个齿。幼虫红色,体长 7 毫米。 …………… 背摇蚊 *Chironomus dorsalis*

31. 腹部第 8 节的 2 对腹鳃与着生体节的宽度约相等。内唇栉 15 个齿。幼虫体长 12 毫米、红色。 …………… 暗黑摇蚊 *Chironomus lugubris*

腹部第 8 节的 2 对腹鳃约为着生体节的宽度的 2 倍。内唇栉 13~15 个齿。幼虫红色,体长 10 毫米。 ………… 溪流摇蚊 *Chironomus riparius*

32. 上颚背齿 1 个。颏齿相对圆钝。 ………………… 33

上颚背齿 2 个。颏齿尖,腹颏板明显弯曲。上唇 S I 刚毛梳状,内唇栉 15 个齿。幼虫红色,体长 12 毫米。 ………… 苍白摇蚊 *Chironomus pallidivittatus*

33. 充分生长的幼虫体长 15 毫米以上。 ……………… 34

充分生长的幼虫体长 15 毫米。上唇 S I 刚毛羽状,内唇栉 16 个齿。上颚背齿色淡,端齿和内齿黑褐色,腹部第 7 节的侧鳃尖而长。肛突长棒状。…………………
…………………………………………… 萨摩亚摇蚊 *Chironomus samoensis*

34. 幼虫红色,体长 15～18 毫米。………… 细长摇蚊 *Chironomus attenuatus*
幼虫红色,体长 20～28 毫米。………………… 羽摇蚊 *Chironomus plumosus*

35. 腹颏板中间的距离约为颏中齿宽的 1.5 倍以下。…………………… 36
腹颏板中间的距离约为颏中齿宽的 2 倍。上颚背齿褐色,端齿和 3 个内齿黑色,齿
下毛外缘具缺颏。尾前须短,尾须毛 8 根。幼虫红色,体长 15 毫米。……………
……………………………… 侧叶雕翅摇蚊 *Glyptotendipes lobiferus*

36. 上颚背齿色淡,端齿和内齿黑色。…………………………… 37
上颚背齿和第 3 内齿色淡,端齿和另 2 个内齿黑色。颏中齿圆形,两侧缺颏。腹颏
板中间的距离为颏中齿宽的 0.75 倍。幼虫红色,体长 10 毫米。
………………………………… 德永雕翅摇蚊 *Glyptotendipes tokunagai*

37. 颏中齿比第 1 侧齿稍低,第 4 侧齿很小,腹颏板中间距离约为颏中齿宽的
1.1 倍。幼虫红色,体长 7 毫米。………… 额突雕翅摇蚊 *Glyptotendipes gripekoveni*
颏中齿不比第 1 侧齿稍低,第 4 侧齿稍比邻齿小,腹颏板中间的距离约为颏中齿宽
的 1.25 倍。幼虫红色,体长 10 毫米。………… 浅白雕翅摇蚊 *Glyptotendipes pallens*

38. 颏齿和上颚齿均色淡。颏中齿 4 个,外侧的 2 个宽,中间的 2 个小。腹颏板仅
基部 1/2 具影线。…………………………… 尼罗摇蚊属 *Nilothauma*
颏齿和上颚齿褐色或黑色。……………………………… 39

39. 触角 6 节,劳氏器大,互生于触角第 2 节和第 3 节。…………… 40
触角 5 节,劳氏器有时不易辨认,但总是对生于触角第 2 节。………… 46

40. 上颚和颏齿褐色。颏中齿高于其他齿,中央的一对比外侧的一对小。触角鞭节
短于基节。…………………………… 齿斑摇蚊属 *Stictochironomus*
上颚背齿色淡。颏中齿 3～4 个,色淡或暗,但总低于第 2 侧齿,第 1 侧齿比第 2 侧
齿短。…………………………………………… 44

41. 颏中齿 4 个。………………………………… 42
颏中齿 3 个,侧齿 6 对。触角 6 节,前上颚端部具 2 个齿。幼虫体长 7 毫米,红色。
…………………………… 齿斑摇蚊 A *Stictochironomus sp. A.*

42. 触角第 3 节比第 4 节短。颏黑褐色,齿的前缘钝圆。上颚背齿比端齿长。尾前
须高和宽约相等,尾前须毛 7 根。幼虫红色,体长 8～9 毫米。………………
…………………………… 秋月齿斑摇蚊 *Stictochironomus akizukii*
触角第 3 节不比第 4 节短。上颚背齿比端齿短。尾前须毛 8 根。………… 43

43. 触角第 3 节与第 4 节约等长。颏中间的两个齿相对小,齿的前缘尖。幼虫红

色,体长 8 毫米。 ·················· 齿斑摇蚊 B *Stictochironomus sp. B.*

触角第 3 节比第 4 节长。颏中间的两个中齿相对大,齿的前缘圆钝。幼虫红色,体长 10 毫米。 ··············· 斑点齿斑摇蚊 *Stictochironomus maculipennis*

44. 颏具 3 个中齿、大部分色淡。上颚具 3 个内齿。内唇栉为端部至少分成 3 个部分的板鳞。额唇基由一直缝分开。 ·········· 倒毛摇蚊属 *Microtendipes*

颏具 4 个中齿,上颚内齿 2 个。内唇栉由 3 块分开的小鳞组成。上唇 S I 刚毛基部愈合。 ···················· 间摇蚊属 *Paratendipes*

45. 前上颚具 2 个齿。颏中齿比第 1 侧高。尾前须退化,尾前须毛 10 根。 ·········

··························· 裸瓣间摇蚊 *Paratendipes nudisquama*

前上颚具 3 个齿。颏中齿比第 1 侧齿低。尾前须小,尾前须毛 8 根。 ···········

··························· 白间摇蚊 *Paratendipes albimanus*

46. 腹颏板宽超过颏宽的 1.5 倍,两腹颏板中间的距离较近并向两侧延长。触角托具宽且色暗的瘤突。上唇 S I 刚毛羽状。前上颚具 5 个齿。 ····· 林摇蚊属 *Lipiniella*

腹颏板宽小于颏宽的 1.5 倍,两腹颏板中间距离较远。 ·················· 47

47. 额末端具一大的凹陷或各种形状的斑痕。腹颏板明显比颏窄。 ···········

··························· 二叉摇蚊属 *Dicrotendipes* 48

额末端无凹陷和斑痕。 ······································ 49

48. 颏的第 1 第 2 节侧齿完全分开,腹颏长为宽的 0.6 倍。腹颏板影线完整。额唇基前中部具一条形深凹。亚颏毛端部分叉。 ··· 强壮二叉摇蚊 *Dicrotendipes nervosus*

颏的第 1、2 侧齿基部愈合,腹颏长为宽的 0.8 倍。腹颏板影线基半部明显。额唇基中部具半圆形粗颗粒印痕。亚颏毛简单。 ····· 三段二叉摇蚊 *Dicrotendipes tritomus*

49. 腹颏板细长,中部几乎相连在一起。腹颏板中间具有细影线的横带,底部具细长的柱状托。上颚端齿色淡。无上颚栉。 ··············· 伪摇蚊属 *Pseudochironomus*

腹颏板形状与上不同,中部分开距离至少为颏中齿的宽度。若在中部相接,则上颚具暗色的端齿和上颚栉。 ································ 50

50. 颏分 3 部分,中齿两侧明显向后与腹颏板前段相接。 ················· 51

颏不分 3 部分,中齿两侧不与腹颏板前段相接。 ··················· 53

51. 额与唇基由一细缝分开。上颚背齿很短,未超过背缘。上唇 S I 刚毛弱三角形,内侧羽状。前上颚刷通常羽状。内唇栉表面及端部具小齿。 ···············

··························· 内摇蚊属 *Endochironomus*

额存在。上颚背齿较大,齿下毛达第 2 或第 3 内齿。上唇 S I 刚毛羽状。前上颚刷简单,内唇栉仅端部具小齿。 ····························· 52

52. 颏和上颚黑亮,颏中部的 2 个齿比外侧的 2 个中齿窄且低。上颚具 3 个内齿,基齿前具一深的缺颏。 ·· 明摇蚊属 *Phaenopsectra*

颏和上颚齿暗褐，颏的 4 个中齿等宽，中间的 1 对仅比外侧齿稍低。上颚具 4 个内齿，基齿前无深的缺颏。 ······························ 瑟摇蚊属 *Sergentia*

53. 额前缘平直，末端两侧加宽成叶状。颏具 4 个中齿，若上颚背齿存在则暗色。SⅡ刚毛大多羽状。内唇栉分 3 部分，端部具齿。 ············· 多足摇蚊属 *Polypedilum*

额前缘凸起。颏中齿高且简单，偶尔具 1 小的侧缺颏。上颚背齿色淡。SⅡ刚毛和内唇栉简单。 ·· 60

54. 触角叶不超过触角末节，第 3 节和第 5 节不特别短。 ··············· 55

触角叶超过触角末节，第 3 节和第 5 节特别短。颏齿 16 个，灰褐色。尾前须毛 7 根。幼虫体长 6 毫米。 ············· 梯形多足摇蚊 *Polypedilum scalaenum*

55. 触角叶约与触角末节等长。 ································· 56

触角叶达第 4 节顶端。颏齿 16 个，第 2 对中齿稍比第 1 侧齿小。腹颏中间的距离约为颏宽的 0.4 倍。 ············· 耐垢多足摇蚊 *Polypedilum sordes*

56. 劳氏器对生。 ·· 57

劳氏器互生。上颚具背齿、端齿和 2 个内齿。颏齿 16 个，第 2 对中齿小。腹颏板长约与颏的宽度相等。 ··········· 云集多足摇蚊 *Polypedilum*（*P.*）*nubifer*

57. 颏第 2 对中齿小。上颚内缘具 3 个刺。 ························ 58

颏的 4 个中齿大小约相等。 ································· 59

58. 腹颏板中间的距离为颏宽的 0.5 倍。腹颏板影线粗壮，前缘具钝凸。 ·······
······························· 膨大多足摇蚊 *Polypedilum*（*P.*）*convictum*

腹颏板中间的距离为颏宽的 0.2 倍。腹颏板影线细。 ···················
···························· 小云多足摇蚊 *Polypedilum*（*P.*）*nubeculosum*

59. 上颚无背齿，具端齿和 3 个内齿。颏的 4 个中齿相同大小。腹颏板中间的距离约为颏宽的 0.3 倍。尾前须毛 7 根。幼虫红色，体长 8 毫米。 ··········
······························· 步行多足摇蚊 *Polypedilum*（*P.*）*pedestre*

上颚具背齿、端齿和 2 个内齿。颏的第 2 对中齿稍比第 1 对中齿小。腹颏板中间的距离约为颏宽的 0.4 倍。尾前须毛 8 根。幼虫淡红色，体长 10 毫米。 ········
······························· 等齿多足摇蚊 *Polypedilum*（*P.*）*fallax*

60. 内唇栉具许多透明的齿。 ··················· 拟摇蚊属 *Parachironomus*

内唇栉不具上述。 ··· 61

61. 前上颚 2 分叉，颏外侧的 2～3 对齿通常形成明显的一组齿，齿列向中间倾斜。
·· 62

前上颚至少具 3 个齿，通常更多。颏齿不如上述。 ················· 65

62. 颏中齿 2 个或至少中部具明显的缺颏,若简单则颏中部不明显倾斜。 ……… …………………………………………………… 枝角摇蚊属 *Cladopelma*

颏中齿圆形,侧面具缺颏或明显 3 分叶。若简单则颏中部比 2 侧更倾斜。 …… 63

63. 颏中齿宽、简单,具缺颏或 3 分叶,第 2 侧齿位于第 1 侧齿后方,所以颏中部明显倾斜。 ……………………………………… 弯铗摇蚊属 *Cryptotendipes*

颏中齿 3 分叶,颏稍倾斜。 …………………………… 小摇蚊属 *Microchironomus*

64. 上颚具 1 端齿和 2 个内齿。幼虫体长 5 毫米。 ……………………………… ………………………… 福氏弯铗摇蚊 *Cryptotendipes fridmanae*

上颚具 1 端齿和 3 个内齿。幼虫体长 7 毫米。 …………………………………… ………………………… 亮黑弯铗摇蚊 *Cryptotendipes nigronitens*

65. 触角 7 节。 ………………………………………………………………… 66

触角 5 或 6 节。 …………………………………………………………… 67

66. 颏前缘向内凹,中齿宽、色淡,侧齿 7 对、褐色,向中间倾斜。 ……………… ……………………………… 拟隐摇蚊属 *Demicryptochironomus*

颏前缘向平直,具 12 或 14 个齿,齿的大小相等或中齿稍宽且低于侧齿。 ……… ………………………………………………… 罗摇蚊属 *Robackia*

67. 颏前缘凹陷,具宽的淡色中齿和几对暗色透明的侧齿。内唇栉为三角形,前缘具锯齿。 ……………………………… 隐摇蚊属 *Cryptochironomus*

颏不如上述。 ………………………………………………………………… 69

68. 上颚刷 1 根,上颚栉基半部具细齿。触角叶达第 3 节端部。颏侧齿 6 对。 … ………………………… 褐黄隐摇蚊 *Cryptochironomus fulvus*

上颚刷 4 根,前 2 根羽状,后 2 根简单。上颚栉简单。触角叶达触角末节。颏侧齿 6 对。 ……………… 指突隐摇蚊 *Cryptochironomus digitatus*

69. 颏中齿很宽、三角形。触角叶长度超过触角顶端。 ……………………………… ………………………………… 无距摇蚊属 *Acalcarella*

颏中齿不如上述,触角叶长度不超过触角顶部。 ……………………………… 70

70. 触角 5 节、第 2 节第 3 节几乎等长。内唇栉端部具 3 个相等的齿。 ……… ………………………………………………… 哈摇蚊属 *Harnischia*

触角 5~6 节,若 5 节则第 2 节长于第 3 节。内唇栉不为 3 个相等的齿。 ……… 71

71. 触角 5 节,第 2 节基部 2/3 非骨质化。 ……… 脊突摇蚊属 *Cyphomella*

触角 5 节或 6 节,若 5 节则第 2 节完全骨化。 ……………………………… 72

72. 触角 6 节。 ……… 萨摇蚊属 *Saetheria*

触角 5 节。 …………………………… 拟枝角摇蚊属 *Paracladopelma*

73. 上颚内齿 3 个。前上颚具 5 个齿和 1 个背刺。触角叶基部与第 2 节融合,伸达第 4 节端部,触角芒达第 2 节顶端。颏中齿平滑,侧齿 7 对。腹颏板长约宽的 1.1 倍。
················· 勾突拟枝角摇蚊 *Paracladopelma camptolabis*

上颚内齿 2 个。前上颚具 4 个齿和 1 个背刺。触角叶基部与第 2 节融合,伸达第 3 节中部,触角芒达第 3 节端。颏中齿中部具凹颏,腹颏板长约为颏宽的 0.8 倍。尾前须毛 7 根。 ················· 拟枝角摇蚊 A *Paracladopelma sp. A.*

3.6 襀翅目分科检索表

1(4)具显著的气管鳃。

2(3)除胸部具鳃外,腹部 1～2 或 1～3 节亦有气管鳃。 ·················
················· 大石蝇科/大襀科 Pteronarcidae

3(2)仅前胸下面有鳃,气管鳃管状,着生在各足基节基部,一对。第二跗节较第一或第三节均短。 ················· 短尾石蝇科/叉襀科 Nemouridae

4(1)无显著的气管鳃,3 对丝状气管鳃束生在各节侧板上。足部密生长毛。 ·····
················· 石蝇科/襀科 Perlidae

3.7 半翅目分科检索表

1(10)触角短于头长,隐于头部腹面凹陷中,从上方看不见。生活于水中。

2(3)喙短,藏于上唇底下,不分节或分为 2 节。前足跗节 1 节并膨大为铲状,无或具不明显中胸盾板。 ················· 划蝽科/水虫科 Corixidae

3(2)喙圆锥形,外露可动,3 或 4 节。前足跗节 2 或 3 节。

4(7)体后端具"刺"(管状跗器——呼吸管),前翅膜质部具网状翅脉。

5(6)体后端的呼吸管长。后足圆柱形,适于步行。触角第二节侧面具突起,各足跗节为一节。 ················· 蝎蝽科/红娘华科 Nepidae

6(5)体后端的呼吸管短(有时不明显),后足扁,有缘毛,适于游泳。 ·········
················· 田鳖科/负蝽科 Belostomatidae

7(4)体后端无刺,前翅膜质部无网状翅脉。

8(9)体扁卵形,前足攫捕型,内侧有沟,其基节着生于前胸的前缘,后足与中足的跗节为 2 节。 ················· 潜水蝽科/小判虫科 Naucoridae

9(8)体圆筒形,背显著隆起,前足游泳型,其基节生于前胸后缘,游泳时腹面向上。
················· 仰泳蝽科/松藻虫科 Notonectidae

10(1)触角长于或等于头长,生活于水面上。

11(14)无单眼或单眼退化,体细长。

12(13)体细长如丝,头长数倍于宽,与胸等长。触角如丝。爪着生于跗节末端。 ···
················· 尺蝽科 Hydrometridae

13(12)体细长形,头长稍大于宽,前足爪不着生在跗节末端。中足与后足甚长。适于水面奔驰。 •• 水黾科/黾蝽科 Gerridae

14(11)有单眼,体小型或中等大。

15(16)体躯强壮,头短而斜,臭腺发达,往往缺翅。 ••••••••••••••••••••••••••••••• 阔黾科 Veliidae

16(15)体极细,头及胸下有口吻沟。缺翅脉,无臭腺。 ••••••••• 细蝽科 Leptopodidae

3.8 鞘翅目分科检索表

3.8.1 鞘翅目(成虫)分科检索表

1(2)前足较中、后足长一倍。复眼分裂酷似两对。体长4～7毫米。常在水面快速旋转游泳。 •••••••••••••••••••••••••••••••••••••• 豉虫科/豉甲科 Gyrinidae

2(1)前足不较中、后足长,复眼不分为两对。

3(4)触角锤状、很短。下颚须长于触角,身体背面隆起,腹面平坦。 ••• 牙虫科 Hydrophilidae

4(3)触角不足锤状,很长。下颚须短于触角,身体背腹面均隆起。

5(6)跗分4节,其中第三节分为两瓣(步行型)。后足非游泳型,体2～6毫米长。生活在水草上。 •••••••••••••••••••••••••••••••••• 叶甲科 Chrysomelidae

6(5)跗分5节。

7(8)跗节末节特长,其长度超过前4节总和。爪长,后足非游泳型,体2～6毫米长。生活在水草上。 •••••••••••••••••••••••••••••••••••• 泥甲科 Dryopidae

8(7)跗节末节不特长,爪普通。

9(10)后足非游泳型,后足基节不伸越第一腹节的整个腹板,所以这一腹板的后部全部露出。生活在水草的上部分。 ••••••••••••••••••••••••• 沼甲科 Scirtidae

10(9)后足游泳型。在水中生活。

11(12)后足基节向后扩大成很大的板片,将腹部前2节或3节的腹板掩盖。触角10节,体长2～5毫米。 •••••••••••••••••••• 沼梭科/小头水甲科 Haliplidae

12(11)后足基节仅把第一腹节隔开,不向后扩大,反而向前延伸。触角11节。

13(14)后足基节向前延伸短,基节间的后胸腹板末端形成平截状的短片。 ••• 水甲科/水步行虫科 Hygrobiidae

14(13)后足基节向前延伸长,基节间的后胸腹板呈楔状。 ••••••• 龙虱科 Dytiscidae

3.8.2 鞘翅目(幼虫)分科检索表

1(6)足较长,分6节。跗节明显,末端具1～2个可动爪。

2(3)腹部明显10节,两侧有长的叶状鳃,跗节具两个爪。 ••• 豉虫科/豉甲科 Gyrinidae

3(2)腹部10节不明显。两侧不具鳃。

4(5)腹部明显 9 节。跗节 1 个爪。 ·················· 沼梭科/小头水甲科 Haliplidae

5(4)腹部明显 8 节。(第 9 节不完全或消失)。 ·········· 龙虱科 Dytiscidae

6(1)足短,分 5 节。跗节与爪合并成爪状节。

7(8)触角超过胸部或等于胸长。 ·················· 沼甲科 Scirtidae

8(7)触角明显短。

9(10)大颚短而宽,不显著。草食性。 ·············· 叶甲科 Chrysomelidae

10(9)大颚显著。肉食性。 ·························· 牙虫科 Hydrophilidae

3.9 广翅目(幼虫)分属检索表

1(2)尾部有钩 ·················· 鱼蛉科/齿蛉科 Corydalidae 3

2(1)尾部无钩 ·············· 泥蛉科 Sialidae 泥蛉属 *Sialis*

3(4)腹部无鳃,第Ⅷ体节有呼吸管 ·························· 5

4(3)腹部第Ⅰ~Ⅶ体节有鳃,第Ⅷ体节无呼吸管 ··········
·················· 石蛉属/石齿蛉属 *Protohermes*

5(6)第Ⅷ体节呼吸管短于第Ⅷ体节 ·········· 星鱼蛉属/星齿蛉属 *Parachauliodes*

6(5)第Ⅷ体节呼吸管长于第Ⅷ体节·········· 斑鱼蛉属/斑齿蛉属 *Neochauliodes*

四、太湖流域常见甲壳动物检索表

4.1 十足目分属种检索表

1(2)前 2 对步足钳指节呈匙状,末端具丛毛;大颚无触须,切齿部与臼齿部间不完全
裂开 ·················· 匙指虾科 Atyidae 匙指虾亚科 Atyinae 3

2(1)前 2 对步足钳指节不呈匙状,末端无丛毛;大颚触须有或无,切齿臼齿均深深分
离 ·················· 长臂虾科 Palaemonidae 长臂虾亚科 Palaemoninae 5

3(4)第 2 对步足具底节刺。雄性第一腹肢内肢膨大而呈圆形或卵圆形,背面密覆许
多小刺;内附肢由其内侧的基部至中部生出。雄附肢亦膨大而呈球形 ··········
·················· 新米虾属 *Neocaridina*

4(3)第 2 对步足无底节刺。雄性第一腹肢内肢呈长叶片状;内附肢若有,也由其内
侧的末端生出。雄附肢棒状,不膨大成球形 ·········· 米虾属 *Caridina*

5(13)大颚有触须。

6(12)头胸甲有鳃甲刺,无肝刺 ·················· 长臂虾属 *Palaemon* 7

7(8)额角上缘基部具鸡冠状隆起 ·················· 白虾亚属 *Exopalaemon*

8(9)腹部第 3~6 节背面中央具明显纵脊 ··························
·················· 脊尾白虾 *Palaemon*(*Exo.*) *carinicauda*

9(10)腹部背面没有纵脊

10(11)腕节长度不足掌节的 50% ·········· 安氏白虾 *Palaemon*(*Exo.*) *annandalei*

11(10)腕节极长,长度约为掌节或指节的2倍 ·····················
························· 秀丽白虾 *Palaemon*(*Exo.*)*modestus*

12(6)头胸甲有肝刺,无鳃甲刺 ···················· 沼虾属 *Macrobrachium* 13

13(17)额角平直

14(15)雄性第2步足指节表面覆盖浓密的硬毛,切断缘有齿 ··············
························· 日本沼虾 *Macrobrachium nipponense*

15(16)雄性第2步足指节表面有少量刚毛,切断缘无齿 ·················
························· 细螯沼虾 *Macrobrachium superbum*

16(14)雄性第2步足指节顶端弯曲,切断缘无齿,仅在切断缘基部有1行短毛·····
························· 海南沼虾 *Macrobrachium hainanense*

17(13)额角基部具鸡冠状隆起,末端上扬 ···························
························· 罗氏沼虾 *Macrobrachium rosenbergii*

13(5)大颚无触须,头胸甲有鳃甲刺,无肝刺 ······················
··········· 小长臂虾属 *Palaemonetes* 中华小长臂虾 *P. sinensis*

4.2 端足目钩虾分科检索表

1(2)无眼。·· 3

2(1)具眼,有个别属眼缺失或变小。························· 7

3(4)下唇内叶完整,第1腮足腕节后缘突出,胸节鳃减少为3对(一般在4～6胸足上有),无腹鳃,1～3尾肢内外肢都为1节,并且内外肢几乎等长,腹肢内肢退化,尾节完整。···································· 少鳃钩虾科 Bogidiellidae

4(3)第1腮足腕节无突出,通常2～6胸节具基节鳃,具腹鳃。··········· 5

5(6)4～6腹节自由或愈合,无背刺,1～2腮足钳状,大小几乎相等。掌节倾斜,具双排末端分叉的刺,腹肢双肢型,第3尾肢内肢退化为鱼鳞状或完全消失,外肢1节,尾节薄片状,末端完整、具缺刻或深裂,但从未裂到基部。········· 褐钩虾科 Crangonyctidae

6(5)第5腹节背部具刺,大颚白齿退化变小,第1小颚外叶具7个锯齿状刺,基节板浅,第4基节板后缘无凹陷,腮足拟钳状,5～7胸足基节后叶小,1～2尾肢双肢型,第3尾肢单肢型,具刺和毛,第2节短而明显,尾节长大于宽,末端中央具小缺刻。·······
················ 假褐钩虾科 Pseudocrangonyctidae

7(8)头部额角显著呈镰刀型,眼睛背面愈合,第1触角附鞭缺乏或只留痕迹,5～6基节板深,第1小颚内叶小,毛少,外叶顶端具7个刺。1～2腮足腕节延长,3～4胸足开掘状,第7胸足长,趾节针形,尾肢双肢型,披针形,尾节完整。···········
················ 合眼钩虾科 Oedicerotidae
独眼钩虾属 *Monoculodes* 江湖独眼钩虾 *Monoculodes Limnophilus*

8(7)头部额角不明显,眼睛左右不愈合。 •• 9

9(10)基节板小,第4基节板后缘无凹陷,下唇内叶发达,第1小颚内叶只有1根刚毛,触须第2节末端宽,腮足雌雄异性不明显,6~7胸足颇长于3~5胸足,第三尾肢短,尾节后缘完整。 •••••••••••••••••••••••••••••••• 畸钩虾科 Aoridae 17

10(9)第4基节板后缘凹陷,下唇内叶不发达。 •••••••••••••••••••••••••••••••• 11

11(12)4~6腹节短,第1触节短,无附鞭,大颚无触须;第1小颚触须退化,内叶顶端具2个强壮的刚毛,外叶顶端具9个刺;2~4基节板后缘通常有尖突出,第3尾肢单肢型或外肢极小,2~6胸节具基节鳃。 •••••••••••••••••••••••••••••• 13

12(11)触角强壮,具附鞭,大颚3节,第1小颚内叶具1排羽毛状,外叶顶端具11个刺;触须2节,1~3基节具长方形,第3尾肢双肢型。 •••••••••••••••••••••••••• 15

13(14)2~4基节板大于第1基节板,后缘具尖的突出,第1触角短于第2触角的柄节,无附鞭,大颚无触须,第1小颚退化为痕迹,颚足触须第4节非常小,或与第3节愈合,1~2腮足雌雄异形,5~7胸足长,基节宽大,趾节长而尖,腹足变化不一,第3尾肢单肢型,尾节完整。 •••••••••••••••••••••••••••••••• 跳钩虾科 Talitridae

14(13)第1触角长于第2触角的柄节,无附鞭,颚足触须第4节爪状,腹足双肢型,尾节深裂。 •••••••••••••••••••••••••••••••••••••• 绿钩虾科 Hyalidae

15(16)下唇内叶小,腮足强壮,掌缘具灯泡状刺,尾节深裂,2~7胸节具副鳃,4~6腹节具背刺和刚毛。 •••••••••••••••••••••••••• 异钩虾科 Anisogammaridae

16(15)第4基节板后缘凹陷,上唇无内叶,第一小颚外叶顶端具11个锯齿状刺,腮足雌雄异形,腹肢双肢型,第1尾肢柄节具基侧刺,第3尾肢内肢长短变化不一,尾节深裂,2~7胸节具基节鳃。 •••••••••••••••••••••••••••• 钩虾科 Gammaridae

17(18)躯体大,5~7基节具羽状毛。 •••••• 巢湖大螯蜚 *Grandidierella chaohuensis*

18(17)躯体小,5~7基节具简单毛。 •••••• 太湖大螯蜚 *Grandidierella taihuensis*

五、太湖流域常见环节动物检索表

5.1 多毛纲分属种检索表

1(2)虫体大型,具明显的触角和吻,有明显的肉眼可见疣足。 •• 触须亚纲 Palpata 沙蚕目 Nereidida 3

2(1)虫体小型如蚯蚓,仅有圆锥状的口前叶,疣足不明显需借助解剖镜观察。 •••••••••••••••••••••••••••• 蠕形亚纲 Scolecida 小头虫目 Capitellida 小头虫科 Capitellidae

3(4)具简单刚毛,翻吻具分叉的端乳突 •• 齿吻沙蚕科 Nephtyidae 齿吻沙蚕属 *Nephtys* 寡鳃齿吻沙蚕 *N. oligobranchia*

4(3)具复型刚毛,翻吻无端乳突 •••••••••••••••••••••••••• 沙蚕科 Nereididae

5.2 水栖寡毛纲小蚓类分科检索表

1(8)自由生活 ·· 2

2(5)多行无性生殖 ·· 3

3(4)身体扁平,体节不明显。有发状刚毛,体内常具有绿色或黄绿色滴油。·········

··· 颤体虫科 Aeolosomatidae

4(3)身体不扁平,体节明显。有发状刚毛,体内不具滴油········· 仙女虫科 Naididae

5(2)不行无性生殖。体节明显。有钩状刚毛,体常呈微红色·································· 6

6(7)刚毛每束两根。受精囊孔 3～6 对,位于或稍后第Ⅺ节。·······························

··· 带丝蚓科 Lumbriculidae

7(6)刚毛数每束不定。受精囊孔一对,位于第 X 节。 ··········· 颤蚓科 Tubificidae

8(1)寄生在淡水虾鳃上。·· 寄生蚓科 Branchiobdellidae

5.2.1 仙女虫科分属检索表

1(2)无背刚毛,第Ⅲ～Ⅴ节上缺腹刚毛。 ···················· 毛腹虫属 *Chaetogaster*

2(1)有背刚毛,第Ⅲ～Ⅴ节上有腹刚毛。·· 3

3(8)具突出的外鳃。 ··· 4

4(5)突出的外鳃在身体的前端背侧。···················· 头鳃蚓属 *Branchiodrilus*

5(4)突出的外鳃在身体后端的鳃盘里。·· 6

6(7)鳃盘腹壁向后延伸长而成两个杆状突——"触须"。······ 管盘虫属 *Aulophrus*

7(6)鳃盘腹壁或圆状或作微凹形。 ····················· 尾盘虫属 *Dero*

8(3)不具突出的外鳃。 ·· 9

9(10)背刚毛出现在Ⅱ节,口前叶延伸为吻状。··············· 吻盲虫 *Pristina*

10(9)背刚毛出现在Ⅵ节,口前叶延伸为一长的吻。·············· 杆吻虫属 *Stylaria*

11(12)口前叶短,身体覆盖暂时性的微粒,体表有感觉乳透突起。···········

··· 癞皮虫属 *Slavina*

12(11)口前叶短,身体不覆盖暂时性的微粒,体表无感觉乳透突起。···········

··· 仙女虫属 *Nais*

5.2.2 颤蚓科分属种检索表

1(2)身体具鳃,鳃条着生在身体的后部。 ·············· 尾鳃蚓属 *Branchiura*

苏氏尾鳃蚓 *Branchiura sowerbyi*

2(1)身体不具鳃。 ·· 3

3(4)精巢和卵巢分别位于Ⅵ和Ⅶ节内,X 节后,背刚毛变成浆状。···········

··· 管水蚓属 *Aulodrilus*

4(3)精巢和卵巢各自不在Ⅵ和Ⅶ节内。 ·· 5

5(6)无受精囊,有精荚附在环带上。 ·············· 盘丝蚓属 *Bothrioneurum*

6(5)有受精囊,环带上无精荚。 ·································· 7

7(8)受精囊孔单个,位于Ⅸ/Ⅹ节间腹中线上。口前叶三角形,生活时颜色淡白色,体后端微红。 ······················ 单孔蚓属 *Monopylephorus*

8(7)受精囊孔不是一个。 ··································· 9

9(10)雄性交接器无阴茎鞘,背部有发状刚毛。 ·············· 颤蚓属 *Tubifex*

10(9)雄性交接器有狭长、末端呈喇叭形阴茎鞘。 ········ 水丝蚓属 *Limnodrilus* 11

11(12)背刚毛存在大而粗短的巨刚毛 ·········· 巨毛水丝蚓 *L. grandisetosus*

12(11)背刚毛较细 ·· 13

13(16)阴茎鞘呈长筒状 ··································· 14

14(15)阴茎鞘全长约为最宽部的 6~14 倍 ······· 霍甫水丝蚓 *L. hoffmeisteri*

15(14)阴茎鞘全长约为最宽部的 15 倍以上 ······ 克拉泊水丝蚓 *L. claparedeianus*

16(13)阴茎鞘末端呈龟头状 ············· 奥特开水丝蚓 *L. udekemianus*

5.3 蛭纲分属检索表

1(2)口孔小,口内有管状物,无颚。长寄生冷血动物体上。 ···············
··························· 吻蛭目 Rhynchobdellida 5

2(1)口孔大,口内无管状物,有颚。

3(4)有两个以上颚板,并有细齿。 ·············· 颚蛭目 Gnathobdellida
医蛭科 Hirudinidae 13

4(3)无角质的颚,仅具肉质为颚。 ·············· 咽蛭目 Pharyngobdellida
石蛭科 Herpodellidae 15
沙蛭科 Salifidae 16

5(6)身体可分为明显的狭短前部和宽而长的后部,体侧有对生的外鳃或皮肤囊。
··························· 鱼蛭科 Ichthyobdellidae 7

6(5)身体不分明显的前后端,无外鳃或皮肤囊。 ···············
··························· 扁蛭科(舌蛭科)Glossiphonidae 9

7(8)身体两侧有 11 对丛生的外鳃。 ·············· 鳃蛭属 *Ozobranchus*

8(7)身体两侧有 11~13 对泡状的皮肤囊。 ·············· 颈蛭属 *Trachelobdella*

9(10)身体前端背中央有一几丁质的圆形背板。 ·········· 泽蛭属 *Helobdella*

10(9)体前端背中央无几丁质的背板

11(12)体较透明,背面有六道纵行栗色斑纹。前后吸盘均匀较大,嗉囊具 7 对或更多的侧盲。 ·············· 拟扁蛭属 *Hemiclepsis*

12(11)体不透明,背面颜色多样。前吸盘较后吸盘小,嗉囊具 6 对侧盲囊。………
……………………………………… 扁(舌)蛭属 *Glossiphonia*

13(14)体呈圆柱状,中等大小。前吸盘大,后吸盘碗状。………… 医蛭属 *Hirudo*

14 体长略呈纺锤形,体型大。前吸盘小。………………… 金线蛭属 *Whitmania*

15(16)眼点 4 对 ……………………………………… 石蛭属 *Herpobdella*

16 眼点 3 对。………………………………………… 巴蛭属 *Barbronia*